# 涪江流域土地利用覆被变化及生态环境效应

董廷旭 杜华明 张雪茂 等 著

U0230474

科学出版社

北 京

# 内 容 简 介

流域土地利用/覆被变化（land use and land cover change，LUCC）及其生态环境效应研究一直是近几年土地生态学和景观生态学关注的重点之一。本书系统介绍 LUCC 的研究内容、研究方法、热点以及 LUCC 定量化分析模型和生态环境效应模型，并以四川盆地涪江流域为研究区，借助MapGIS、ArcGIS、ENVI 等软件平台，构建涪江流域 1998～2018 年 LUCC研究所需的基础地理和专题空间数据集。在此基础上，运用景观生态学原理与方法、GIS 空间分析方法和"三生空间"协调模型，开展该流域土地利用与景观格局时空分异、生态环境效应及驱动力、生态用地时空分异及生态安全评价，提出基于最小累积阻力（minimal cumulative resistance，MCR）模型的涪江流域生态用地景观格局优化方案。

本书可供地学、生态学和资源与环境管理等领域的教学及科研人员、管理工作者和本科生、研究生阅读与参考。

审图号：川 S【2022】00015 号

图书在版编目（CIP）数据

涪江流域土地利用覆被变化及生态环境效应/董廷旭等著. —北京：科学出版社，2023.7

ISBN 978-7-03-075357-1

Ⅰ. ①涪⋯ Ⅱ. ①董⋯ Ⅲ. ①流域－土地利用－研究－四川 ②流域－生态环境－研究－四川 Ⅳ. ①F323.211 ②X321.271

中国国家版本馆 CIP 数据核字（2023）第 061758 号

责任编辑：郑述方 / 责任校对：王 瑞
责任印制：罗 科 / 封面设计：墨创文化

科 学 出 版 社 出版

北京东黄城根北街 16 号
邮政编码：100717
http://www.sciencep.com

成都锦瑞印刷有限责任公司印刷
科学出版社发行 各地新华书店经销

*

2023 年 7 月第 一 版 开本：787×1092 1/16
2023 年 7 月第一次印刷 印张：10 1/4
字数：243 000

定价：128.00 元
（如有印装质量问题，我社负责调换）

# 编 委 会

**本书编委会成员**（按姓名拼音排序）

陈　浩　董廷旭　杜华明　可华明

廖传露　林孝先　刘慧丽　邱　豪

王　飞　王建华　张雪茂　赵唯茜

# 前　言

　　流域作为完整的自然地理单元，是一个由社会、经济、自然等因素构成的复合系统，是人类活动的生境之一。人类是流域内最活跃的要素，而 LUCC 是流域内人类活动的真实反映，是影响流域生态环境问题的重要因素之一，合理的土地利用景观格局对流域的生态安全与环境健康起着至关重要的作用。近 10 年（2010～2020 年），流域尺度的 LUCC 及生态环境效应研究取得了长足进步，为流域资源与环境可持续发展提供了科学决策支撑。

　　涪江是嘉陵江右岸最大支流，发源于四川省松潘县与平武县之间的岷山主峰雪宝顶，涪江自西北向东南流经四川省阿坝藏族羌族自治州（阿坝州）、绵阳市、遂宁市、德阳市、南充市、资阳市 6 市（州）共 26 县（市、区）及重庆市 5 县（区），在重庆市合川区汇入嘉陵江，全长 697km，流域面积 3.64 万 km$^2$，多年平均径流量 185.57 亿 m$^3$。涪江流域地形自西北向东南倾斜，海拔在 188～5588m，海拔高差大，地貌类型包括山地、丘陵、平原。伴随社会经济的发展，涪江流域土地利用景观格局的变化使得区域生态功能发生的反馈效应的时空分异十分明显。为此，绵阳师范学院流域生态与地理信息工程技术研究团队，自 2010 年以来，从流域土地利用景观格局变化过程入手，以多源遥感图像和土地利用动态监测数据为基础，借助遥感（remote sensing，RS）和地理信息系统（geographic information system，GIS）技术，识别 LUCC 景观格局，探测 LUCC 生态环境效应，探讨景观格局与生态环境过程的相互关系，构建生态安全格局，为流域资源与环境可持续发展、土地生态系统的服务功能提升，以及综合景观生态风险防范措施等提供科学参考，以促进成渝地区双城经济圈绿色、高质量发展。

　　全书共 8 章。第 1 章由陈浩、林孝先、可华明、刘慧丽完成，从自然地理、社会经济、涪江流域水资源利用与环境保护等方面介绍涪江流域地理环境概况，并从流域地貌分异角度分析涪江流域地貌特征对人口分布、经济发展的约束作用。第 2 章由董廷旭、王建华完成，总结 LUCC 及生态环境效应研究动态、面临的问题及发展趋势，介绍 LUCC 及生态环境效应研究的基础理论，以及 LUCC 定量化分析模型和生态环境效应模型。第 3 章由赵唯茜、杜华明、董廷旭完成，从土地利用景观数量结构和空间格局等方面分析涪江流域近 20 年（1998～2018 年）LUCC 时序和空间分异特征。第 4 章由赵唯茜、董廷旭、杜华明完成，从植被净初级生产力（net primary production，NPP）、土壤侵蚀量、自然生态环境质量三个维度分析研究区 LUCC 生态环境效应。第 5 章由杜华明、赵唯茜完成，从自然、社会、经济三个维度出发，运用土地利用转移矩阵、驱动力模型、IDW 空间插值等模型，全面分析研究区 LUCC 的自然因素驱动力、社会因素驱动力和经济因素驱动力。第 6 章由张雪茂、董廷旭完成，利用多源遥感数据和统计数据，从生态用地景观数量结构和空间格局等方面分析涪江流域近 20 年（1998～2018 年）生态用地的时序和空间分异特征。第 7 章由张雪茂、董廷旭完成，从自然、社会、景观三个维度构建土地生态安全评价指标体系，分析研究区土地生态安全指数单一指标和综合指标的空间分异特征。第 8 章由张雪茂、董廷旭完成，围绕涪江流域土地生态系统的生态源、生态廊道和景观格局阻力现状分析，基于最小累积阻力（minimal cumulative resistance，MCR）模型开展该流域生态用地景观格局优化模拟研究。

全书由董廷旭、杜华明、张雪茂统稿，由董廷旭审定。本书中的部分阶段性研究成果已在国内外期刊上先行发表，还有部分成果没有公开发表。在本书编写过程中，作者指导的研究生邱豪、廖传露、王飞等做了大量工作，在此，对他们的贡献表示感谢。此外，我们还要特别感谢陈浩教授、刘泉教授、何云晓教授、胡进耀教授、李辉副教授、林孝先副教授、黄天志博士对此项工作的大力支持和悉心指导。本研究是在校级自然科学研究项目"涪江流域土地利用覆被变化及生态环境效应研究"（MYSY2018T003）资助下完成的。

LUCC 及其生态环境效应研究是一项技术性、综合性、应用性强的科技工作，涉及多学科交叉，理论与方法处在不断创新发展阶段，加之作者水平有限，书中的疏漏之处在所难免，敬请各位专家、学者和广大读者指正与赐教。

编　者：

二〇二二年三月

# 目　录

# 第1章  涪江流域地理环境特征

## 1.1  自然地理概况

### 1.1.1  流域地理位置

涪江流域介于103°44′E～106°16′E，29°18′N～33°03′N，位于四川盆地中部，是长江的二级支流，也是嘉陵江右岸的最大支流。其发源于四川省阿坝藏族羌族自治州（简称阿坝州）松潘县境内雪宝顶，自西北向东南斜穿四川盆地中部，在重庆市合川区汇入嘉陵江。流域以北与岷江和白龙江相接，西邻沱江，东以嘉陵江为界，南至嘉陵江右岸下游与长江汇合。涪江流域是长江上游重要生态屏障和水源涵养地，处于成渝地区双城经济圈的核心区域，是四川省较发达的地区之一。涪江流域涉及31个县级行政区，其中四川省涉及阿坝州、德阳市、绵阳市、南充市、遂宁市、资阳市6市（州）共26个县（市、区）；重庆市涉及5县（区）（图1-1）。

### 1.1.2  河流水系

涪江作为长江一级支流嘉陵江的右岸的二级支流，别名涪水，又称内水。干流发源于四川省阿坝州松潘县与九寨沟县之间的分水岭雪宝顶北坡，自西北向东南流经绵阳市的平武县、江油市西南部、涪城区、游仙区、三台县，以及遂宁市射洪市[①]、遂宁市辖区等区域，在重庆市合川区南侧汇入嘉陵江。涪江干流全长为697km，流域总面积为3.64万km²，河口流量为550m³/s，总落差为3730m，多年平均流量为572m³/s，多年平均径流量为180亿m³。

整个水系主要由火溪河（夺补河）、平通河、通口河（白草河）、芙蓉溪、安昌河、凯江、梓潼江、郪江、琼江（安居河）、小安溪10条支流与涪江干流组成，位于沱江和嘉陵江之间。研究区内地形西北高东南低，以山地和丘陵为主，海拔在159～5552m。涪江干流在江油市中坝街道涪江大桥以上为上游，上游河段长为254km，平均比降为15‰，流域面积约为5930km²。涪江以江油至遂宁段为中游，中游河段长为291km，平均比降为0.9‰，流域面积约为25628km²。涪江遂宁至合川河口为下游，下游河段长为152km，平均比降为0.4‰，流域面积约为4842km²。四川省内涪江干流流经阿坝州、绵阳市、遂宁市，干流长545km，流域面积约为31558km²。

涪江流域支流发育，呈树枝状分布。支流中流域面积大于100km²的各级支流共有91条，其中一级支流34条、二级支流45条、三级支流11条、四级支流1条。流域面积

---

① 2019年，射洪县撤县建市，本书统一称射洪市。

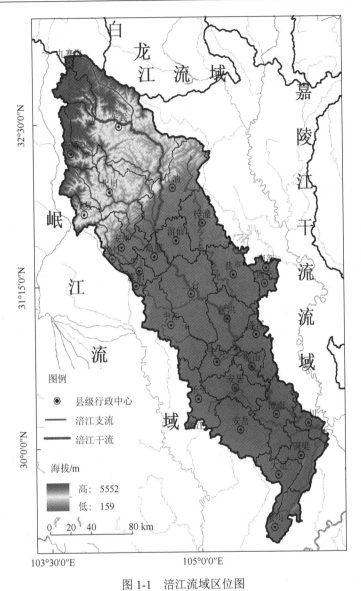

图 1-1 涪江流域区位图

图中海拔根据 30m 分辨率的 DEM 数据生成的，未含研究区海拔最高点和最低点

在 500～1000km² 的支流共有 22 条，面积在 1000～5000km² 的支流共有 8 条，面积超过 5000km² 的支流有 1 条。1000km² 以上的支流主要有火溪河、平通河、通口河、安昌河、凯江、梓潼江、郪江、琼江、小安溪。

### 1.1.3 气候水文

#### 1. 气候特征

涪江流域主要为川西高原气候和亚热带湿润季风气候，气候资源丰富，立体气候明显。研究区内多年平均气温在 -6.82~18.30℃，多年平均降水量在 713~1133mm，大致可分为上游亚热带湿润山区气候、中下游亚热带湿润丘陵区气候（图 1-2）。

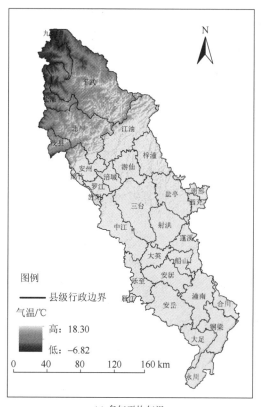

(a) 多年平均气温

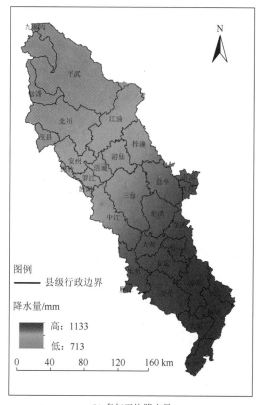

(b) 多年平均降水量

图 1-2　涪江流域多年平均气温、降水量分布

四川盆地边缘区地形复杂，高低悬殊，因此涪江上游山区气候垂直变化明显，涪江中下游丘陵区气候湿润温和。流域内降水丰沛，但时空分异较大，分布不均。全年降水多集中于夏季 6~8 月，该时段降水占流域内全年降水量的 40%~60%，上游该时段降水高于中下游；冬季和春季降水量较少，仅占全年降水量的 10%~30%。流域内气候总体特征表现为春旱夏热、秋雨冬暖、雨热同季，日照少、风速小、多云雾，主要灾害性天气有暴雨、冰雹、霜冻、结冰等，气候风险总体偏低。

## 2. 水文特性

### 1）水文测站情况

涪江流域四川省内有 20 个水文站，重庆市内有 1 个水文站（小河坝水文站），共计 21 个水文站。其中，四川省绵阳市境内有 15 个水文站，遂宁市境内有 4 个水文站，德阳市境内有 1 个水文站。

2）径流特性

涪江径流主要来源是降水补给和冰雪融水，径流变化与降水时空分布较为一致，主要集中于5～11月，该时段流域径流量约占全年总量的85%，多年（1980～2018年）平均径流量为132.21亿 $m^3$。涪江流域出口站为小河坝水文站（105°50′E，30°11′N），控制流域为28901$km^2$。涪江武引取水枢纽段多年（1984～2010年）平均径流量为36.95亿 $m^3$，最大年径流量出现在1992年，为53.37亿 $m^3$，最小年径流量出现在2002年，为22.09亿 $m^3$。

3）洪水特性

涪江流域洪水由暴雨形成，汛期暴雨频繁。涪江流域位于川北的人口密集区，自古以来就是暴雨洪涝灾害的重灾区，根据历史资料记载，涪江中下游干流上的绵阳市、三台县、射洪市等地在200多年间遭受大型洪灾高达32次之多，平均6年就会被洪水冲刷一次。人类活动对涪江流域的降水径流关系、产汇流机制以及径流的年内分配、年际与多年变化过程均有显著影响。

4）泥沙特性

涪江流域上游以高山、深切河谷为主，植被覆盖良好，河流悬移质含沙量相对较小，推移质含沙量较大；中下游以丘陵为主，多为耕地，区域含沙量相比涪江流域上游较大。涪江流域小河坝水文站输沙量多年（1980～2018年）均值为1180万 t，流域输沙量主要集中在7～9月。涪江小河坝水文站2018年7月9～15日输沙量为3820万 t，占该站2018年输沙量的73.9%。

## 1.1.4 地形地质

### 1. 地形地貌

涪江流域位于青藏高原与四川盆地的过渡地带，流域内地貌形态差异显著。大致以江油市武都镇—绵阳市安州区[①]一线为界，其西北区域地处龙门山地区，山峦叠嶂，地表海拔多在1000m以上。在多期次构造运动作用下，龙门山地区发育早更新世二郎山期夷平面（高程为3200～3500m）和中更新世涪江期夷平面。其中，涪江期夷平面可分为三个亚期夷平面，第一亚期夷平面分布于大火地一带，海拔2500～3000m；第二亚期夷平面由西北向东南倾斜，广泛分布于观雾山顶及唐王寨一带，海拔1600～2000m；第三亚期夷平面分布于大坪、代东坪、水窝凼一带，海拔800～1200m。在龙门山中高山区，河谷深切，以谷底宽度100～300m的峡谷为主，其岸坡高度基本大于200m；在涪江干流平武县—古城镇、南坝镇[②]、响岩镇河段，亦有谷底宽度约1000m的宽谷区域分布。龙门

---

① 2016年，安县撤销，安州区设立，本书统一称安州区。
② 2019年，水观乡和南坝镇撤销，江油关镇设立。

山区涪江河段两岸断续发育Ⅰ～Ⅴ级河流阶地，受构造运动、外力剥蚀等因素影响，除平武县—古城镇河段阶地级序较为完整外，其余河段阶地分布较为零星，级序发育也不完整。

江油市武都镇—绵阳市安州区一线东南侧，主要为地势起伏较为平缓、丘陵和平坝广布的涪江中下游区域，其海拔下降至300～600m，相对于地处龙门山地区的上游区域，河谷明显展宽，谷底宽度一般为2000～4000m，在遂宁河段，谷底宽度达到6000m，两岸岸坡高度也下降到100m以下。该区域河流相对弯曲，边滩、心滩发育，沿河城镇主要分布于河流Ⅰ级阶地面上。

## 2. 地层岩性

在涪江流域，新元古界震旦系地层到新生界第四系地层均有出露，地层岩性较为复杂，火成岩、沉积岩、变质岩均有广泛的分布。具体来看，三舍驿村（松潘县黄龙乡）—双河村（平武县锁江羌族乡）以北，出露震旦系至三叠系地层及第四系的地层，岩性主要为凝灰岩、砂岩、碳酸盐岩、板岩等；三舍驿村—双河村以南到曲山镇[北川羌族自治县（简称北川）]—南坝镇（平武县）以北，也分布震旦系至三叠系地层及第四系的地层，岩性主要为凝灰岩、角斑岩、结晶灰岩、变质砂岩、千枚岩、碳质板岩等；曲山镇—南坝镇一线以南到武都镇（江油市）—安州区（绵阳市）一线以北，出露寒武系至三叠系地层及第四系地层，岩性主要为碳酸盐岩和砂岩，该区域因地表水和地下水长期溶蚀，岩溶地貌发育；武都镇—安州区一线以南，主要分布侏罗系、白垩系地层，岩性以砂岩、页岩、泥岩等沉积岩类为主。在整个涪江流域，第四系地层广泛分布于沿河道发育的河漫滩及河流阶地面上，阶地物质下部为砂砾石，上部多为粉砂、黏土，具二元结构。

## 3. 地质构造及地震

### 1) 地质构造

涪江流域主要跨越三个地质构造单元，平武县古城镇以北、虎牙藏族乡（简称虎牙乡）以东属摩天岭褶断带，古城镇以南、江油市武都镇以北属龙门山褶断带，武都镇以南属四川地台区。具体分区如下。

摩天岭褶断带：摩天岭褶断带在地质时期遭受过不同方向的挤压作用，以强烈的褶皱变形为主，褶断带内发育一系列叠瓦状逆冲断层，可见近东西向断裂被北西向虎牙断裂错断现象，区域内岩层较为破碎。

龙门山褶断带：龙门山褶断带主要构造形迹为北东—南西向，根据构造特征，汶川—茂县断裂和北川—映秀断裂所夹持的区域为后龙门山褶断带，该区域以韧性变形的背斜构造为主体；北川—映秀断裂和彭县（现彭州市）—灌县（现都江堰市）断裂所夹持的区域为前龙门山褶断带，以向斜构造（唐王寨向斜）为主体，该区域亦发育一系列延伸距离较短的叠瓦式冲断层。

四川地台区：武都镇以南基本隶属涪江中下游地区，地质构造属扬子准地台的次一级构造单元——四川沉降带，主要构造为绵阳帚状构造、德阳—中江环状构造、川中褶皱带等，以较为平缓的褶皱构造为主，断裂构造少见。

2）地震

涪江流域的地震活动主要受龙门山构造带三条主干断裂（汶川—茂县断裂、北川—映秀断裂、彭县—灌县断裂）和岷山断块的东边界——虎牙断裂所控制，其优势发震深度为5~20km，均为浅源性地震。

汶川—茂县断裂又称龙门山后山断裂，南西端在泸定冷碛附近与南北向的大渡河断裂相交，向北东插入陕西省境内，1657年4月21日汶川附近发生的6.5级地震即位于该断裂带上；北川—映秀断裂又称龙门山主中央断裂，南西端始于泸定附近，向北东插入陕西省境内与勉县—阳平关断裂相交，在龙门山构造带几条主干断裂中，该断裂显示出较强的活动性，1958年2月8日北川6.2级地震、2008年5月12日汶川8.0级特大地震均发生在该断裂上；彭县—灌县断裂又称龙门山主边界断裂，南西端始于天全附近，向北东延伸至陕西省汉中市一带消失，1327年9月天全6.0级地震、1970年2月24日大邑6.2级地震、2013年4月20日芦山7.0级地震就发生在该断裂上。虎牙断裂南起平武县银厂沟，向北经虎牙、小河错切雪山断裂后在王朗国家级自然保护区附近断续出露，虎牙断裂带附近地区发生过多次强震，包括1973年8月11日黄龙附近的6.5级地震、1976年8月16日松潘—平武7.2级地震、2017年8月8日九寨沟7.0级地震，表明虎牙断裂仍有较强活动性。

就涪江流域范围而言，自1970年以来，该流域内共发生各级地震100余次。2008年汶川地震发生之前，涪江流域发生3.0~3.9级地震8次，4.0~4.9级地震1次，震级最大的为1994年2月25日发生在江油市彰明镇的4.5级地震，震中烈度为Ⅵ度。2008年汶川地震发生之后，因汶川地震的发震断裂——北川—映秀断裂横贯涪江流域，该流域范围内余震频发，如2016年6月27日北川县发生4.6级地震，2020年10月21日和22日北川县连续发生4.6级地震和4.7级地震等。有历史记载以来，涪江流域内震级最大的地震为1976年8月16日、23日在涪江上游松潘县、平武县之间相继发生的两次7.2级强烈地震。

## 4. 水文地质条件

流域内地下水存储情况受岩性、构造等因素影响。在涪江上游流域，断裂构造发育，断裂活动导致岩体较为破碎，岩石中裂隙广布，再加上上游流域碳酸盐岩分布面积广，降水充沛，岩溶地貌发育，为岩体中地下水的存储和运移提供了地质条件。该区域松散层孔隙水主要分布于河流冲积堆积层等第四系松散堆积物中，基岩裂隙水主要分布于砂岩、页岩的构造裂隙中，岩溶裂隙水主要赋存于可溶性岩层的溶蚀裂隙和洞穴中。

涪江中下游主要为丘陵、平坝区，无规模巨大、深切地下且发育时期较长的区域性断裂构造分布，岩体中裂隙不发育，岩层倾角较小，多为砂岩与泥岩互层，泥岩等黏土岩类为隔水层，该区域地质构造不利于地下水的产生和存储，因而涪江中下游流域地下水较贫乏。

## 5. 不良地质现象

涪江流域范围内不良物理地质现象主要有崩塌、滑坡、泥石流等。

崩塌主要发育于石灰岩、白云岩、岩浆岩等坚硬岩石分布的陡坡区域，岩体常因节理面、层理面等结构面的切割而破碎，陡峭的地形为崩塌的产生提供了有效临空面，坡脚处发育有倒石堆等崩塌地貌，大规模崩塌主要见于上游高山峡谷区域。例如，在北川老城区湔江东岸景家山一带，上泥盆统沙窝子组灰白色白云岩、白云质灰岩广布，岩体中溶蚀裂缝、卸荷裂缝发育，溶蚀裂缝和卸荷裂缝易将岩体切割成块状结构，汶川地震驱动的逆冲和右旋走滑作用使大量白云岩和灰岩块体突然脱离母体，直接撞击和掩埋了茅坝中学。

滑坡主要发育于砂岩、板岩等软弱岩层分布区域，破碎岩体沿陡峭滑动面整体下滑，流域内大规模滑坡主要见于上游高山峡谷区域，如北川老城区湔江西岸王家岩一带的斜坡地段广泛发育下寒武统清平组细砂岩、砂页岩，在温度变化、水溶液作用及生物作用下，细砂岩、砂页岩这一类固结程度不高的沉积岩极易发生崩解，呈碎裂结构。汶川地震发生时，从王家岩坡脚处通过的北川—映秀断裂北西盘沿断层面向南东方向强烈逆冲（兼具右旋走滑运动），断层错动导致的振动效应使悬于王家岩斜坡体之上的碎石、黏土混合物倾泻而下，形成滑坡，紧邻滑坡体前端的建筑物因受到飞溅的碎石、土块的冲击而严重损毁，造成人员伤亡。

泥石流主要发育于涪江上游流域，该区域山高沟深，地形陡峻，沟床纵坡降大，便于水流汇集。此外，涪江上游区域地质构造复杂，断裂褶皱发育，新构造活动强烈，地表岩石破碎，崩塌、滑坡等不良地质现象发育，为泥石流的形成提供了丰富的固体物质来源。在暴雨、洪水的参与下，泥石流常常具有暴发突然、来势迅速的特点，其危害程度比单一的崩塌、滑坡和洪水更为广泛和严重。例如，2008 年 9 月 24 日北川老县城一带突降暴雨，位于北川老县城附近的西山坡沟、原北川中学后山任家坪沟暴发大规模泥石流，进入老县城的泥石流块体淤埋了已受损的部分建筑物。此外，沿湔江两岸发育的泥石流使主河道泥沙含量增高，水位快速上涨，沿岸部分居民安置区被洪水淹没。

### 1.1.5　自然资源

## 1. 土壤植被

涪江流域土壤种类丰富，土壤类型主要有水稻土、紫色土、黄棕壤等，而黄棕壤在土壤的发育过程中形成了与母质较为相近的紫色土，经过长时间的耕种，最终形成了紫色水稻土（图 1-3）。涪江流域森林覆盖面积约为 1386 万亩[①]，植被覆盖度在 5.2%~92%，上游属亚热带常绿阔叶林区，因此植被覆盖度相比中下游较大（图 1-3）。

---

① 1 亩≈666.67m²。

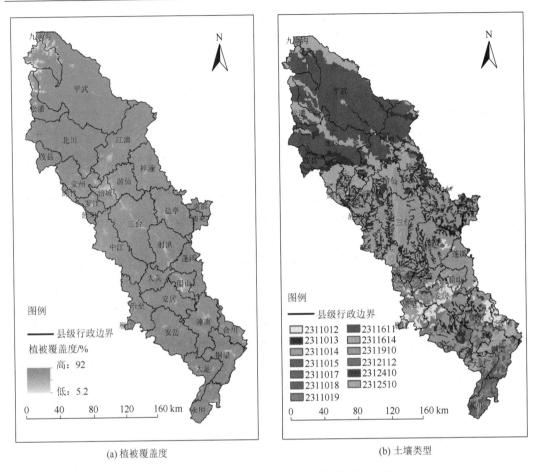

(a) 植被覆盖度　　　　　　　　　　　　(b) 土壤类型

图 1-3　涪江流域植被覆盖度、土壤类型分布图

2311012 黄棕壤、2311013 黄褐土、2311014 棕壤、2311015 石灰土、2311017 紫色土、2311018 石质土、2311019 粗骨土、2311611 砂姜黑土、2311614 潮土、2311910 水稻土、2312112 红壤、2312410 湖泊或水库、2312510 江河

## 2. 野生动植物资源

涪江流域作为长江上游重要生态屏障区，野生植物资源较为丰富，种类繁多，其中有珙桐、红豆杉等国家一级重点保护野生植物和水蕨、四川红杉等国家二级重点保护野生植物。还有很多国家级保护植物和珍稀树木，如有"活化石"之称的水杉、银杏，名贵的苏铁、马桂木和独具特色的古柏、榕树等。流域内动物资源门类繁多，包括脊椎动物和无脊椎动物，其中有大熊猫、金丝猴等国家一级重点保护野生动物和小熊猫、亚洲黑熊等国家二级重点保护野生动物。鱼类资源中的珍稀动物如中华鲟、胭脂鱼、岩原鲤、长吻鮠等。另外，两栖动物中的大鲵、哺乳动物中的水獭均属国家级保护动物。

## 3. 水能资源

四川省涪江流域干流及主要支流水能资源理论蕴藏量达 407.33 万 kW，规划水电站装机容量共计 309.9 万 kW，主要分布于上游及通口河、火溪河等主要支流。其中，干流 194.5 万 kW，支流 115.4 万 kW，涪江流域是四川省中型水电基地之一。截至 2019 年，涪江干流已建有金华、螺丝池、红江、龙凤、小白塔、过军渡、白禅寺 7 处中小型水电站。

### 4. 矿产资源

涪江流域矿产资源较为丰富，储量较多的矿藏主要有铁、锰、铅锌、钨、金、银、磷、硫、水晶、方解石、石灰石、白云石、膨润土、天然气、石油、盐、砂金等，其中天然气和盐卤资源最为丰富。遂宁市磨溪气田已探明的天然气可开采储量 4403 亿 $m^3$，技术可开采储量为 3082 亿 $m^3$，日产天然气 2400 万～2700 万 $m^3$，是四川省大型气田之一。盐卤地质储量超 42 亿 t。平武县的锰矿、三台县和盐亭县的膨润土、江油市的铸型用砂与水泥配料用页岩储量居四川省第一。

### 5. 自然保护区及风景名胜区

涪江流域内有 4 个国家级自然保护区、8 个省级自然保护区、2 个市州级自然保护区和 4 个县级自然保护区。国家级自然保护区包括四川千佛山自然保护区、四川王朗国家级自然保护区、四川小寨子沟国家级自然保护区、四川雪宝顶国家级自然保护区。省级自然保护区包括四川黄龙省级自然保护区、四川翠云廊古柏省级自然保护区、四川观雾山自然保护区、四川安县海绵生物礁自然保护区、四川白羊省级自然保护区、四川片口自然保护区、四川省宝顶沟省级自然保护区、四川小河沟自然保护区。市州级自然保护区包括乐至县龙门报国寺自然保护区、四川射洪中华涪江走廊自然保护区。县级自然保护区包括四川三台水禽及湿地县级自然保护区、四川游仙区水禽自然保护区、四川弥江河湿地自然保护区、四川余家山自然保护区[①]。

## 1.1.6　自然灾害

涪江流域是自然灾害多发地区，具有灾害种类多、分布地域广、发生频率高、灾害损失重等特点，主要有干旱、洪涝、地震、滑坡、泥石流、风灾、冰雹灾、病虫灾等自然灾害，其中干旱、洪涝发生频繁，尤以中下游丘陵、平坝地区的干旱、洪涝等灾害危害最大，其中丘陵地区农业的主要威胁是旱灾，河谷平原地区的洪涝灾害比较频繁。

### 1. 旱灾

涪江中下游历来是干旱频发的地区，根据北川县、江油市、绵阳市、三台县、遂宁市等地 1950～2006 年气象资料分析，流域内夏旱发生频率最高，平均为 79.5%，江油市、

---

① 四川省生态环境厅. 四川省自然保护区汇总表. http://sthjt.sc.gov.cn/sthjt/c108816/2021/10/8/77f64cbf49364b77a1f4ad61a203e9b3. shtml [2022-03-02].

绵阳市、三台县等地几乎每年都有夏旱发生，频率在 90%以上，特别是绵阳市一些年份还会出现两次夏旱。其次为春旱，各地春旱发生频率平均为 60.7%，其中盐亭县、平武县春旱发生频率在 80%以上。流域伏旱的发生频率平均为 47.6%，常紧随夏旱发生，造成较大的旱灾损失。干旱不仅对农业生产造成了影响，而且给人民生活用水带来极大的困难，严重制约着流域经济的发展。

## 2. 洪灾

流域地形西北部高、东南较低。上游地处高山峡谷，植被较好、暴雨洪水汇流时间短，具有典型的山溪性河流暴涨暴落的特点。2019 年 9 月发生 1 次遍及绵阳市境内各江河的洪水过程，范围广、强度大，多站点发生超警戒水位洪水，且超警戒时间和洪峰时间持续长。其中，平通河、芙蓉溪、秀水河、青片河、方水河均出现超警水位，其余各条河流未发生超警戒超保证洪水。

## 3. 地震灾害

1970 年以来，该流域内共发生各级地震 100 余次。2008 年汶川地震发生之前，涪江流域发生 3.0～3.9 级地震 8 次，4.0～4.9 级地震 1 次，震级最大的为 1994 年 2 月 25 日发生在江油市彰明镇的 4.5 级地震，震中烈度为Ⅵ度。2008 年汶川地震发生之后，因汶川地震的发震断裂——北川—映秀断裂横贯涪江流域，该流域范围内余震频发，如 2016 年 6 月 27 日北川县发生 4.5 级地震；2020 年 10 月 21 日和 22 日，北川县连续发生 4.6 级地震和 4.7 级地震等。有历史记载以来，涪江流域内震级最大的地震为 1976 年 8 月 16 日、23 日在涪江上游松潘县、平武县之间相继发生的两次 7.2 级强烈地震。

# 1.2　社会经济概况

## 1.2.1　行政区划及人口

涪江流域涉及四川省、重庆市共 31 个县级行政区，包括四川省 26 个县（市、区）、重庆市 5 个县（市、区），其中四川省涉及阿坝州的九寨沟县、松潘县、茂县，绵阳市的平武县、江油市、北川县、安州区、涪城区、游仙区、梓潼县、盐亭县、三台县，遂宁市的射洪市、蓬溪县、大英县、船山区、安居区，南充市的南部县、西充县，德阳市的绵竹市、旌阳区、罗江区[①]、中江县，资阳市的雁江区、安岳县、乐至县；重庆市涉及潼南区、铜梁区、合川区、大足区、永川区[②]。

---

① 2017 年，罗江县撤县设区，本书统一称罗江区。
② 数据来源：四川省水利厅，《四川省涪江流域综合规划》（2013 年）。

2018 年，四川省涪江流域（研究区）总面积为 31558km$^2$，占全省总面积的 6.49%；总人口为 1672.9 万人，占全省总人口的 20.06%，人口密度为 530 人/km$^2$；其中城镇人口为 552.1 万人，占研究区总人口的 33%，占全省城镇人口的 12.66%；农村人口为 1120.8 万人，占规划区总人口的 67%，占全省农村人口的 28.16%。

## 1.2.2　GDP 及其组成

2018 年，四川省涪江流域生产总值（gross domestic product，GDP）为 5792.0744 亿元，占全省的 14.24%。其中，三次产业增加值分别为 870.9499 亿元、2507.7454 亿元、2413.3791 亿元，分别占全省的 19.67%、16.37%、11.53%；三次产业增加值的比例为 15.0：43.3：41.7。四川盆地边缘区 GDP 为 145.3619 亿元，占研究区的 2.5%。其中，三次产业增加值分别为 28.6814 亿元、60.3148 亿元、56.3657 亿元，分别占研究区的 3.3%、2.4%、2.3%；三次产业增加值的比例为 19.7：41.5：38.8。涪江中下游平坝丘陵区 GDP 为 5646.7125 亿元，占研究区的 97.5%。其中，三次产业增加值分别为 842.2685 亿元、2447.4306 亿元、2357.0134 亿元，分别占研究区的 96.7%、97.6%、97.7%。三次产业增加值的比例为 14.92：43.34：41.74。

## 1.2.3　工业

四川省涪江流域地区 20 世纪 60 年代以来是三线建设重地，地跨成都都市圈增长极和成渝通道发展轴，随着成渝经济区的建设而快速发展，成为四川省经济增长较快的地区。流域内有绵阳市、江油市、射洪市、遂宁市等工业城市，工业门类齐全，形成以冶金、电力、电子、机械、纺织、化工、造纸、食品等为主的工业体系。其中，绵阳市是四川省最大的科技电子城，遂宁市是闻名的纺织食品工业城。

## 1.2.4　农业

四川省 2020 年涪江流域内土地利用面积为 31558km$^2$，折合 4733.7 万亩。其中，农用地 4586.08 万亩，占研究区面积的 96.88%；水域 49.11 万亩，占研究区面积的 1.04%；建设用地 85.24 万亩，占研究区面积的 1.80%；未利用地 13.27 万亩，占研究区面积的 0.28%。在农用地中，耕地 2437 万亩，占农用地面积的 53.14%；林地 2000.12 万亩，占农用地面积的 43.61%；草地 148.96 万亩，占农用地面积的 3.25%。

四川省涪江流域盛产水稻、小麦、番薯、玉米、棉花、油菜等，是四川省粮食、棉花、油料、水果、蔬菜、中药材的重要生产基地。2018 年，四川省粮食总产量 777 万 t，占全省粮食总产量的 10.40%，农业产值 344 亿元，占全省农业总产值的 20.00%。

## 1.2.5　交通

涪江流域内交通以公路为主。涪江上游山区交通条件较差；中下游交通比较发达，宝成铁路在龙门山前斜穿本流域，区内长 171km。成达铁路经遂宁市横穿涪江流域。108 国道、成绵高速、遂渝高速、绵西高速及成南高速公路干线与省、市、县公路网相通。

涪江内河航运，北起绵阳市，下至嘉陵江，历史上干流通航里程曾达 552km，现由于公路运输条件的改善，加之梯级航运工程未形成等因素，航运发展滞后。

## 1.3　涪江流域水资源利用与环境保护现状

### 1.3.1　基本情况

#### 1. 涪江上游

涪江干流在江油市中坝街道涪江大桥以上为上游，上游河段长为 254km，流域面积约为 5930km²。涪江源头松潘县黄龙乡至平武县一带，地处川西北高山区，海拔在 4500～5000m，两岸山峦叠嶂，绝壁对峙，河谷宽在 100m 以内，在悬崖绝壁的夹持下，狭窄的河谷多呈 V 形或 U 形，谷坡在 45°左右，江水迂回跌宕，江面宽大多不足 30m，平均比降为 15‰。平武县以下为高、中山过渡区至盆周低山带。涪江由平武县龙安镇西南流过，两岸山势渐低，河流穿行于山间小盆地与山岭之间，河谷宽一般在 100～250m，间有 300m以上宽度的河谷，枯水期江面宽 30～100m，江中滩多流急，河床平均比降 6.3‰。平武县至江油市中坝有险滩 50 多处，滩口处水深一般在 0.4m 左右，槽宽多数不足 10m，江中可漂运竹木，偶有农用木船进行短途运输。涪江上游水量丰沛，年平均径流总量 48.4 亿 m³，水能资源储量约 145 万 kW，可开发水资源约 50 万 kW。

#### 2. 涪江中游

涪江以江油至遂宁段为中游，中游河段长为 291km，平均比降为 0.9‰，流域面积约为 25628km²。涪江过江油市中坝街道涪江大桥进入盆中丘陵区，河谷逐渐开阔，人口稠密，沿岸城镇增多。涪江中游河道迂回曲折，水流平缓，江面宽 200～500m，江中漫滩发育，多沙洲、支濠，汛期河床变化大。江油至遂宁段有滩 140 余处，枯水期航道水深 0.6m，槽宽 8～10m，可通行小型机动船及 30t 级以下木船。沿江一带河谷开阔，谷宽一般在 2～8km，最宽处遂宁郪口河谷，宽达 10km。河流两岸间隔分布着河流冲积层形成的一阶台地小平原，地面一般高出江面 5～10m。涪江中游是四川省内水资源开发利用较好的地区之一。

#### 3. 涪江下游

涪江遂宁以下至合川河口为下游，下游河段长为 152km，平均比降为 0.4‰，流域面积约为 4842km²。涪江下游段流经潼南区、铜梁区直至合川区。下游河谷宽阔，沿江两岸间隔分布着河流冲积层形成的一、二阶台地平坝，地面高出江面 8～20m，合川区境内台地高出水面在 20m 以上。下游河道河曲发育，滩沱相间，多沙洲、支濠。下游有滩 80 余处,以合川区境内刮骨、青竹偏二滩落差最大,均在 1.5m 以上,水流湍急、行船困难,是涪江下游有名的险滩。下游航道河槽水深在 0.8m 左右,槽宽一般 10~15m,可通行 50~70t 以下机动船和木船。涪江下游水利、水资源也较丰富。

## 1.3.2 水资源

地表水资源量是指河流、湖泊、冰川等地表水体的动态水量,用天然河川径流量表示。根据资料统计,涪江干流多年平均降水 1123.3mm,折合降水总量 355.1 亿 $m^3$;多年平均地表水资源量 248.661 亿 $m^3$,折合径流深 558.6mm。涪江干流流域平均地表水资源量为 55.9 万 $m^3/km^2$。在行政区域分布上,阿坝州境内流域面积 2242km²,地表水资源量 21.461 亿 $m^3$;绵阳市境内流域面积 20230km²,地表水资源量 155.44 亿 $m^3$;德阳市境内流域面积 2212km²,地表水资源量 5.01 亿 $m^3$;南充市境内流域面积 93km²,地表水资源量 0.68 亿 $m^3$;遂宁市境内流域面积 5136km²,地表水资源量 10.6 亿 $m^3$;资阳市境内流域面积 1551km²,地表水资源量 55.01 亿 $m^3$。

地下水资源量是大气降水和地表水渗透到地下形成的,是全球水资源的一部分,并且与大气水资源和地表水资源相互转换。根据《全国水资源综合规划技术细则》的要求,结合涪江流域实际情况,整个流域均按照山丘区进行处理。涪江全流域地下水资源量为 22.06 亿 $m^3$,其中,阿坝州 0.70 亿 $m^3$,绵阳市 7.35 亿 $m^3$,德阳市 1.81 亿 $m^3$,遂宁市 11.65 亿 $m^3$,南充市 0.08 亿 $m^3$,资阳市 0.43 亿 $m^3$。

水资源总量是指评价区域内当地降水形成的地表水、地下水资源总量,由地表水资源量与地下水资源量相加,扣除两者之间互相转化的重复计算量所得。四川省涪江流域面积 31558km²,由于山丘区地下水资源量系河川基流量,在地表水资源计算时已经全部计入天然河川径流量中,因此山丘区的地下水资源量是天然河川径流量的一部分,在计算水资源总量时,不重复计算。

## 1.3.3 水环境

根据近期行业调查规范,主要根据涪江干流 26 个水质监测站数据,选取反映涪江干流水域污染特点的评价指标,有 pH、溶解氧、高锰酸盐指数、化学需氧量、氨氮、挥发酚、总砷、六价铬、氰化物、总汞、铜、铅、镉等指标。涪江流域干支流评价河长 2082.5km。

按全年期评价:水质类别为 II 类及以上的河长 1468.3km,占总河长的 70.5%;水质类别为 III 类的河长 606.2km,占总河长的 29.1%;水质类别为 IV 类的河长 8.0km,占总河长的 0.4%。

按汛期评价:汛期各类别水质水功能区数量与全年期相同。

按非汛期评价:水质类别为 II 类及以上的河长 1425.3km,占总河长的 68.4%;水质类别为 II 类的河长 341.7km,占总河长的 16.4%;水质类别为 IV 类的河长 315.5km,占总河长的 15.2%。

从涪江流域水功能区水质评价情况看,全年和汛期水质较好,非汛期水质稍差。涪江上游流经阿坝州松潘县、绵阳市平武县，域内多为农、林、牧区，人口少，工业不发达，废污水排放量小，故涪江上游水质总体良好。涪江中游水质稳定，水质类别介于Ⅱ～Ⅲ类。涪江干流水污染河段主要在下游，尤其是涪江下游遂宁市城区段，水质有进一步恶化的趋势，因此必须加强和重视水资源保护工作。琼江、平通河、安昌河、凯江个别河段因枯水期河道水量较少，城区河段水质会出现超标，达Ⅳ类。

### 1.3.4 主要问题

#### 1. 水资源开发利用不足，缺少大型调蓄工程

涪江流域水资源开发利用程度较低，流域内所建设的大型供水工程较少，截至2018年只有3座大型工程，分别是从岷江调水的都江堰人民渠六期，包括其充围水库——鲁班水库，另外就是武都引水工程和南北堰引水工程，均是直接在涪江上取水的引水工程，大型工程供水量仅占流域水利工程供水量的12.1%。流域内由于缺乏大型工程调蓄，60%以上的灌溉用水由小型水利工程提供，抗御自然灾害的能力弱，大部分耕地还是受气候变化的直接影响，只能丰歉受制于天。

#### 2. 干流枯水期流量小、用水矛盾突出，梯级电站保证出力低

涪江干流中下游沿岸工业发达，有大量人口，所以用水量巨大，主要从涪江干流取水解决。由于枯水期水流量小，又缺乏骨干调蓄工程，工业、生活用水供应不足。中下游梯级电站枯水期出力较低。

#### 3. 梯级开发未完全实现，综合利用效益不能充分发挥

涪江流域绵阳以上河段未通航，绵阳以下为规划通航河段。绵阳至合川段上接宝成铁路，下通嘉陵江，是四川省川中丘陵区的主要水运干线。20世纪50年代以后，由于铁路、公路等陆路交通的迅速发展，航运的发展受到一定影响。20世纪50～60年代，涪江航运量占本地区全社会运输量的50%以上，70年代降至30%，近些年，航道时常断航，航运周期增长，运输成本增加，涪江在天然河道的条件下流量太小，满足不了航深要求，导致截至2018年几乎没有航运。

## 1.4 绵阳市涪江流域水资源利用与环境保护现状

### 1.4.1 基本情况

#### 1. 源头

涪江发源于四川省阿坝州松潘县境内岷山主峰雪宝顶，从松潘县的黄龙寺东南（卫

风洞）而下，接纳了众多的溪流，如四沟、西沟等，流经黄龙、小河进入平武县界，形成了涪江源头。雪宝顶海拔达到最大值 5588m，山势雄伟，峰体挺拔，常年积雪，雪水融化后渗入地下或流经地表汇入江河之中。雪宝顶峰地区的气候潮湿多雨，每年 10 月到次年 4 月为旱季，5~9 月为雨季，其中 7~8 月雨水较少。冬季雪线海拔 4600m，夏季雪线海拔 5100m。

## 2. 干流

涪江是嘉陵江右岸的最大支流，涪江干流全长 697km，流经绵阳市平武县、江油市、涪城区、游仙区，由三台县白顷出境，在四川省绵阳市境内长约 380km，再经过遂宁市，至重庆市合川区汇入嘉陵江。涪江干流分为上游、中游和下游三段，以江油市中坝街道涪江大桥以上为涪江上游，上游河段长为 254km，流域面积为 5930km²，约占涪江流域面积的 16%。

## 3. 水系

涪江水系发达，各级支流众多，绵阳市境内有大小河流 52 条，连同溪、沟共计 3000 余条。涪江流域集水面积 100~1000km² 的一级支流有 34 条，如虎牙河、芙蓉溪等。集水面积在 1000km² 以上的一级支流有 9 条，绵阳市境内主要一级支流有火溪河、平通河、通口河、安昌河、凯江、梓潼江。涪江在绵阳市境内长约 380km，流域面积约 20230km²，占全市土地总面积的 99.87%。

## 4. 水量

涪江流域水量丰富，多年平均流量 572m³/s，多年平均径流量 185.57 亿 m³，河口流量 550m³/s，总落差 3730m，水能资源蕴藏量 223.2 万 kW。河流的补给主要来源于降水，其次是地下水，因径流时空变化较大，随着降水量的逐年下降，水量逐渐减少，丰、枯年份也逐渐出现连续增加的情况。涪江流域各县域水资源量和人均水资源占有量也存在分配不均的情况，如平武县、北川县土地总面积 9045km²，土地面积大，位于龙门山暴雨区，2015 年水资源总量 50.2 亿 m³，人均占有量 11924m³，而涪城区、游仙区、三台县水资源总量仅 10.5 亿 m³，总量和人均占有量较平武县、北川县明显偏少。

## 5. 水质

涪江水系除部分支流污染严重外，其干流水环境质量总体趋于稳定。2015 年，涪江绵阳段平武水文站、涪江铁路桥、涪江顺河前街和百顷（三台）断面 4 个水质监测断面水环境模糊综合评价等级均达到《地表水环境质量标准》（GB 3838—2002）的 I 类水标准，水环境整体质量良好；而丰谷渡口断面水环境模糊综合评价等级为Ⅲ类，水环境质量较差。2005~2015 年，涪江干流平武水文站、北川通口水文站、百顷（三台）水文站断面基本达到国家Ⅰ～Ⅱ类水质标准；丰谷渡口和安昌江（饮马桥）断面普遍达到Ⅱ～Ⅲ类水质标准；芙蓉溪（仙鱼桥）断面普遍达到Ⅳ～Ⅴ类水质标准。2020年，因总氮污染严重，涪江上游监测断面多为Ⅲ和Ⅳ类水质，涪江中游多为Ⅴ类水质。

### 6. 水生态

随着涪江流域生态环境的变化，流域内水生植物种类及数量均有减少，浮游动物种类贫乏，长江上游特有鱼类有6种，其中重口裂腹鱼、青石爬鮡为四川省保护鱼类。

### 7. 水利用

涪江干流至三台县境内共建有36级水电站，火溪河等支流也分别建有多级水电站，总装机容量达到161.81万kW。2015年涪江流域绵阳市县域生产、生活、生态用水合计18.27亿$m^3$，其中生产用水达到15.71亿$m^3$（农业生产用水、工业生产用水分别达到12.65亿$m^3$、3.06亿$m^3$），占86%。城市建成区总体用水量巨大，2015年，绵阳市城市建成区总供水量达3.394亿$m^3$，其中绵阳市城区供水量2.374亿$m^3$，占69.9%；江油市城区供水量1.02亿$m^3$，占30.1%。水利工程和水源地多，主要水利工程包括武都引水枢纽工程、鲁班水库、沉抗水库、燕儿河水库等大中型水库。

## 1.4.2　主要问题

### 1. 涪江水资源量供需不平衡性矛盾突出

涪江的水资源非常丰富，其干流水资源总量约为180亿$m^3$/a。其中，涪江上游每年平均径流总量达到48.4亿$m^3$，水能资源蕴藏量甚至高达145万kW。然而，长期以来涪江的水资源利用率不足20%，远低于全国水资源利用率的22.4%，甚至远远低于全国一些大江大河的水资源利用率。涪江是降水补给的河流，上游属于亚热带湿润山区气候区，降水特点为季节分配不均。夏半年副热带海洋气团带来暖湿气流，降水提供了丰沛的水分，而冬半年在大陆气团控制下，大气干冷，降水十分稀少。因此，降水年内分配不均，70%以上的降水都集中在6～9月。受降水影响，最大月份（8月）水量是最小月份水量的20多倍。水资源在空间分布上也不均，2015年平武县和北川县的水资源总量达到50.2亿$m^3$，而经济社会发展较快的江油市、安县（现安州区）、游仙区、三台县的水资源总量仅有26.3亿$m^3$，仅占平武县和北川县的52.4%。因此，农业、生态和发电用水的需求日益突出，一些高用水区域出现了水事纠纷和部分河道断流的现象，水资源无法满足经济社会发展和生态环境改善的需要。

### 2. 涪江水体污染源仍高居不下

涪江干流水资源环境保护的最大难点是控制污染源。多年来，针对涪江水污染，进行了大量工作，但随着经济社会的快速发展，污染源仍呈上升趋势。据调查和资料统计，涪江干流中上游共有 33 个入河排污口，其中涪江上游排污口约 14 个。废水现状排放总量为 23484.6 万 t，入河废水量为 23014.9 万 t。主要污染物有化学需氧量和氨氮等。在各污染源排放中，生活污染源废水入河量最大，达到 16580.49 万 t，排放化学需氧量31434.86t、氨氮 4416.21t，与 2005 年相比，生活污染源废水入河量增加了 18.22%，化学需氧量和氨氮的排放量分别减少了 26.01% 和 4.84%。其次是农业面源污染废水入河量，流域内畜禽养殖重点规模化养殖场（小区）14277 户，全市畜禽养殖和种植业排放化学需氧量 28065t、氨氮 3213t，与 2005 年相比分别增长 2.41%、3.49%。再次是工业污染源废水入河量，流域内共有重点排污单位 541 个，工业污染源废水入河量 6890 万 t，排放化学需氧量 5157t、氨氮 142t，与 2005 年相比，重点排污单位增加 43 个，工业污染源废水入河量减少 16.42%，化学需氧量、氨氮的排放量分别增加了 14.24%、10.18%。全市化学需氧量排放量中生活源占 48.62%，农业源占 43.41%，工业源占 7.97%；氨氮排放量中生活源占 56.83%，农业源占 41.34%，工业源占 1.83%。此外，涪江中上游的引水式水电站的开发建设，也改变了原有河流的水文特性，使得减水河段水量减少，特别是在枯水期生态用水的减少，使河水自净能力降低，个别河段出现脱水段，河床裸露，造成涪江河水水质变差或污染。人为活动如采砂、采金等也是涪江河水浑浊、悬浮物增多、江面污染的主要原因之一。

### 3. 涪江水体和水岸的生态植被环境仍需巩固

自 1999 年国家实施退耕还林政策以来，绵阳市涪江上游干支流流域坚持退耕还林，水岸植被的状况有了极大的改观，对资源量的增加、稳定及水质量的提升都有很大的促进作用。而且涪江上游的地质结构特殊，流域内山高谷深，且多为坡地，耕地较少，广大山地坡面有森林覆盖，植被良好。但因地处龙门山褶断带，岩体破碎，沟谷交错，区内裸露砂岩、板岩、千枚岩石层分布较广。上游山区，山高坡陡，地震或暴雨所造成的滑坡、崩塌、泥石流等不良物理地质现象十分普遍。特别是 5·12 汶川地震以后，损失 163.11万亩林地、2.1 亿株林木，1076.55 万株苗木消失，活立木蓄积损失 420 万 $m^3$，森林覆盖率下降 2.95 个百分点。同时，水土流失加剧，导致水土流失面积、侵蚀强度和流失量等都有明显增加，水体植被、生态环境遭到了极大的破坏。植被的减少使得河流内太阳辐射增强，促使河内大型水生植物生长危害到水生动物的生存环境。加之涪江中上游大量引水式、坝式水电站以及护坡和堤防的建设，河水流速降低、水质下降，水体富营养化和污染加重，水、陆生态的连续性遭到破坏，河流生态环境变得越发脆弱。一些河湖生物种群锐减，耐污型种群逐渐成为优势种群。

### 4. 涪江水资源环境治理和保护任务艰巨

（1）工程建设的投资和运行成本巨大。多年来，绵阳市在涪江水资源环境保护方面投入了大量财力和人力，仅在小流域治理方面，就投入了约 15.7 亿元的资金。建设各级垃圾处理厂、污水处理站所需的投资动辄上百万元甚至数千万元，而且为了保障后续的正常运行，还需要不断增加人力和财力的投入。截至 2018 年，绵阳市全市 255 个乡镇污水处理设施虽已建成 95 个，在建 93 个，但还是有部分乡镇未建设。已建成的乡镇污水处理站（厂），由于配套的管网建设滞后，运行管理机制不完善，以及污水处理费难以收取等问题，普遍存在着建得起、用不起的问题。这些设施处于半运行或停运行的状态，仍需要大量的运行资金来解决问题。为了确保各项项目的建设和运行，包括平政河综合整治、木龙河综合整治、小流域治理以及河道整治、拆迁补偿等，都需要巨大的资金投入。

（2）庞大的流域水系使保护和治理难度加大。涪江在绵阳市境内水系发达，支流众多，仅大小河流就有 52 条，连同溪、沟共计 3000 多条，流域面积约 20230km²，占全市土地总面积的 99.87%。庞大的流域和众多的支流，点多面宽，使治理和保护十分困难。通过多年的保护和治理，涪江干流水质有了明显的改善，从绵阳市的出境监测断面百顷水文站的水质看，2015 年高锰酸盐指数较 2011 年下降了 33.5%，2015 年氨氮较 2011 年下降了 18.2%。但是众多的小流域污染仍然严重，从 2015 年 1、2 季度全市小流域水环境质量监测数据看，木龙河、芙蓉溪、干河子、安昌江、草溪河、魏柳河、鲁班水库、凯江等小流域水质仍存在不同程度的超标现象。

## 1.5 涪江流域地貌特征及其与人口、经济相关性

地貌形态是人类社会赖以生存和发展的基础自然地理要素，区域地貌特征对人口分布格局、经济发展状况影响显著。海拔和地形起伏度是描述地貌形态的两个重要因子，是地貌结构和类型研究的重要指标（莫申国，2008）。分析地貌形态与人口、经济的相关性，是了解自然环境与人类社会相互关系的有效手段。在地貌形态与人口分布、经济发展关系方面，前人进行了诸多探析。封志明等（2011）从国家层面分析了中国地形起伏度与人口分布、经济发展的关联性。章金城和周文佐（2019）、朱思吉等（2020）、范况生等（2017）、谢晓议等（2014）、钟业喜和陆玉麒（2009）等从省级层面对中等尺度区域地形起伏度、海拔与人口、经济的相关性进行了探讨。周亮等（2015）、陈田田等（2016）、杨梅和吴映梅（2020）、张静静等（2019）对山区等自然环境下的人口分布、经济情况进行了分析。从已有研究看，前人主要基于国家、省级、市级等行政单元统计数据研究地貌形态与人口分布、经济发展的相关性，对流域等特定地形条件下的人口分布、经济状况的研究甚少。

如前所述，海拔和地形起伏度是反映地貌形态的两个最重要因子。海拔可反映不同海拔山地热量、水分（降水）、生物（量）、土壤类型的垂直差异；地形起伏度可揭示坡面环境能量（位能、动能等）特征及环境灾害危险程度（曹伟超等，2011）。根据中国地貌划分指标（莫申国，2008；中国科学院地理研究所，1987），利用 DEM 数据，采用两级分类法建立涪江流域地貌形态分级体系。第 1 级以海拔来划分：低海拔（<1000m）、中海拔（1000～3500m）、高海拔（3500～5000m）、极高海拔（>5000m）。第 2 级以地形

起伏度来划分：平原（0～30m）、台地（30～50m）、丘陵（50～200m）、小起伏山地（200～500m）、中起伏山地（500～1000m）、大起伏山地（1000～2500m）。

### 1.5.1　研究区概况

涪江发源于岷山主峰雪宝顶，是嘉陵江右岸最大支流，涪江流域处于中国地形由第一级阶梯向第二级阶梯转换的地带，同时也位于青藏高原东缘与四川盆地的过渡地带，地势自西北向东南倾斜（图 1-4）。涪江源头至江油段为干流上游，地处川西北高山区，河谷深切，江水迂回跌宕；江油至遂宁段为中游，河流流经缓丘、平坝区，河谷宽阔，水流平缓，江中漫滩发育；遂宁至河口段为下游，下游地貌以中、低丘陵为主，沿江两岸间隔分布着河流冲积层形成的Ⅰ、Ⅱ级阶地，河道滩沱相间、曲折蜿蜒。涪江流域面积为 3.64 万 km²，流域内包括 31 个县（市、区），总体来看，上游山区地广人稀，

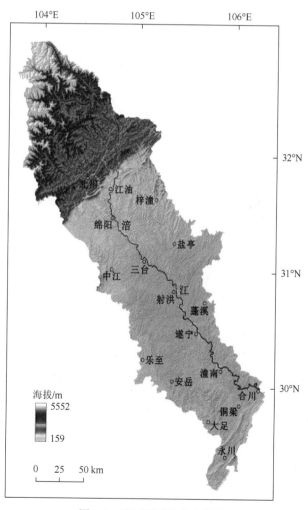

图 1-4　涪江流域数字高程图

森林茂密，矿产资源较丰富，主要出产玉米、小麦、马铃薯等农作物；涪江中下游土地开垦率高，人稠物丰，城镇密集，交通发达，沿江城市已初步建成各具特色的轻、重工业体系。

### 1.5.2 研究方法

#### 1. 地形起伏度最佳分析窗口

地形起伏度是指"某一范围"内最大高程与最小高程之间的差值，从理论上分析，随着"某一范围"的增大，地形起伏度必然会增加，因而提取地形起伏度的关键是确定"某一范围"的具体数值。本次研究使用滑动窗口算法（曹伟超等，2011），以 $n×n$ 像元的格网对研究区进行滑动计算，分别获取最大高程与最小高程之差，即得该提取像元的平均起伏度。根据统计单元大小和平均起伏度的对应关系，建立对数方程并进行回归分析，从图 1-5 可以看出，拟合方程的相关系数 $R^2 = 0.9459$，拟合效果较好。

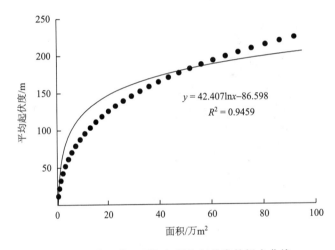

$$y = 42.407\ln x - 86.598$$
$$R^2 = 0.9459$$

图 1-5　统计单元面积与平均起伏度的拟合曲线

随着统计单元面积增加，地形的平均起伏度在最初阶段迅速增大，当达到某一阈值时，平均起伏度的增速减缓而趋于相对平稳，增速减缓的阈值即为研究区域地形起伏度最佳分析窗口。地形起伏度曲线必然存在一个由陡变缓的拐点，且该点唯一，确定这一拐点的数学表达式为（曹伟超等，2011；常直杨等，2014；王玲和吕新，2009；韩海辉等，2012）：数据序列 $\{x_i\}$，$i = 1,2,3,\cdots,N$，$N$ 为样本数，样本以 $x_i$ 点为界分为两段（$x_{t_1}$ 和 $x_{t_2}$），分别计算每段样本的算术平均值 $\overline{x}_{i_1}$ 和 $\overline{x}_{i_2}$ 及全体样本均值 $\overline{x}$，并计算统计量：

$$S_i = \sum_{t_1=1}^{i-1}(x_{t_1} - \overline{x}_{i_1})^2 + \sum_{t_2=i}^{N}(x_{t_2} - \overline{x}_{i_2})^2 \tag{1-1}$$

$$S = \sum_{i=1}^{N}(x_i - \bar{x})^2 \tag{1-2}$$

式中，$t_1 = 1, 2, \cdots, i-1$；$t_2 = i, i+1, \cdots, N$；$S$ 和 $S_i$ 的最大差值对应的点即为地形起伏度曲线由陡变缓的拐点，其对应的起伏度提取窗口即为最佳统计窗口。

从图 1-6 可以看出，第 11 个点所对应的 $S$ 和 $S_i$ 的差值达到最大，该点所属分析窗口为 12×12 像元，因而本研究提取地形起伏度最佳分析窗口面积为 12.96 万 $m^3$。

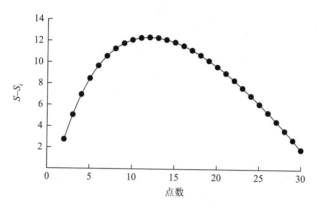

图 1-6　$S$ 和 $S_i$ 差值的变化曲线

**2. 数据融合**

以 12×12 像元的格网作为分析窗口，采用邻域分析方法，提取涪江流域地形起伏度，并按照本次研究确定的地貌形态分级体系对所提取地形起伏度进行重分类，将其分为平原、台地、丘陵、小起伏山地、中起伏山地、大起伏山地 6 个等级。同理，将海拔数据重分类为低海拔、中海拔、高海拔、极高海拔 4 个等级。将重分类的栅格数据转化为矢量数据之后，进行数据融合及空间叠加分析，得到初步地貌分类图。考虑到某些地貌斑块面积过小，将其合并到相邻地貌单元中，并进行平滑处理，最后在研究区得到 16 种地貌形态。

### 1.5.3　地貌特征

**1. 海拔特征**

涪江上游流域共提取出 16 种海拔与地形起伏度所组合的地貌形态（图 1-7）。由图 1-8 和图 1-9 可知，涪江流域海拔具有较明显的地理梯度规律性，即 31 个县域平均海拔自西北向东南方向逐渐递减。其中，西北部的九寨沟县、松潘县、茂县、北川县、平武县平均海拔最高，均超过 1500m。该区不仅海拔高，而且地质环境复杂，雨季通常孕育洪涝、泥石流、滑坡等自然灾害，是 2008 年汶川地震中受灾最为严重的地区，

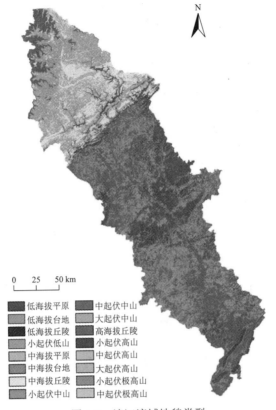

图 1-7　涪江流域地貌类型

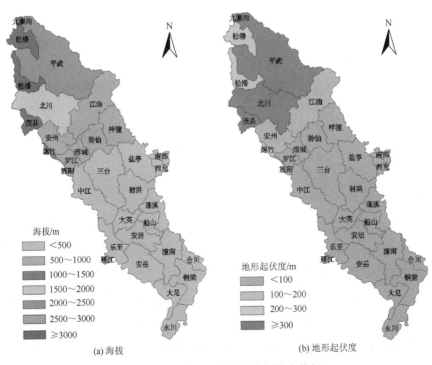

(a) 海拔　　　　　　　　　　　　　　　(b) 地形起伏度

图 1-8　海拔与地形起伏度空间分布特征

其中汶川地震的发震断裂（北川—映秀断裂）横贯北川县和平武县。上述区域相对较高的海拔主要为龙门山各断块呈叠瓦状依次抬升及岷山断块沿虎牙断裂逆冲滑动所致。低海拔地形主要分布于研究区东南部（龙门山脉东南侧），该地区为龙门山断裂带驱动的逆冲作用推挤扬子地台形成的压陷盆地。位于低海拔区域的各县域地形相对平坦，交通便利，依托成都、重庆等区域中心城市，经济相对发达，人口集中，发展优势明显。

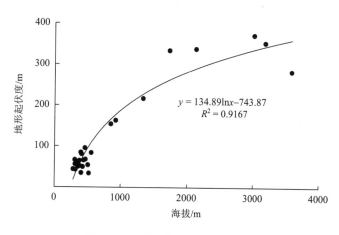

图 1-9　地形起伏度随海拔的变化

## 2. 地形起伏度特征

与海拔特征类似，涪江流域地形起伏度也存在明显梯度规律性（图 1-8），在县域单元层面对涪江流域地形起伏度、海拔进行统计分析，由图 1-9 可知，地形起伏度与海拔呈正相关关系，在涪江流域，随着海拔增加，地形起伏度亦呈增大趋势，两者相关系数达到 0.9167。总体来看，涪江流域地形起伏度也呈西北高、东南低的空间格局，在研究区西北部的青藏高原东缘各县域，分布有近南北走向的岷山山脉、近东西走向的摩天岭山脉和近北东—南西走向的龙门山脉，该区域地壳抬升幅度大，在流水等外营力侵蚀作用下，溪沟纵横，地表高差和地形起伏度相对增大。研究区东南部各县域主要位于川中丘陵区域，相对于青藏高原东缘地区，其地壳抬升幅度较小，地壳抬升驱动的河流下切作用较弱，因而地势起伏相对平缓，地形起伏度较小。

## 1.5.4　人口与县域经济空间分布

### 1. 人口空间分布

涪江流域各县域人口空间分布差异较大（图 1-10），人口密度总体呈现出自上游（西北部）向中下游（东南部）递增的趋势。其中，涪江中游河段的绵阳市涪城区、遂宁市船山区、德阳市旌阳区人口密度高达 2238.34 人/km²、1347.90/km²、1277.78 人/km²；下游河段各县（市、区）人口密度亦不低于 300 人/km²。与中下游河段相比，处于涪江上游的九寨沟县、松潘县、茂县、平武县、北川县人口密度较低，除北川县人口密度达到 56.44/km² 外，上述各县人口密度均低于 30 人/km²，其中，松潘县人口密度最低，仅为 7.90 人/km²，其人口密度值约为绵阳市涪城区（涪江流域人口密度值最高区域）的 1/283。

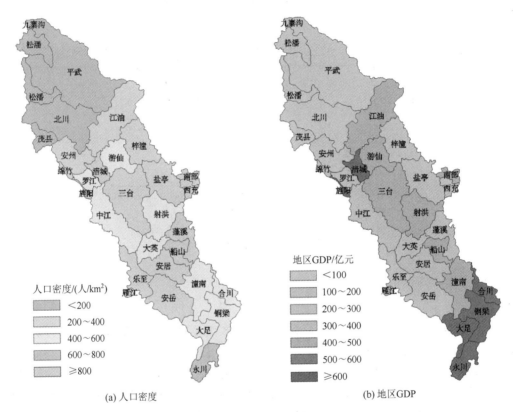

(a) 人口密度        (b) 地区GDP

图 1-10 人口密度与地区 GDP 空间分布特征

资料来源：《四川统计年鉴 2020》《重庆统计年鉴 2020》

## 2. 县域经济空间特征

涪江流域 31 个县域的 GDP 差异显著（图 1-10），总体来看，地区 GDP 空间分布特征与人口密度分布特征类似，呈现东南部高、西北部低的趋势。处于涪江中下游流域（研究区东南部）的绵阳市涪城区，德阳市旌阳区，重庆市合川区、永川区、铜梁区和大足区 GDP 均超过 600 亿元，其中绵阳市涪城区 GDP 达到 1065.91 亿元；处于涪江上游流域的九寨沟县、松潘县、茂县、平武县、北川县 5 县的 GDP 均低于 80 亿元，其中松潘县 GDP 仅为 25.95 亿元，为绵阳市涪城区（涪江流域 GDP 最高的县域单元）GDP 的 1/41.08。

### 1.5.5　地貌特征与人口、经济关系

#### 1. 海拔与人口、经济相关性分析

　　为了探讨海拔要素对人口、经济发展的约束程度，分别对涪江流域 31 个县域海拔与人口密度、地区 GDP 的相关性进行曲线拟合（图 1-11），结果表明，涪江流域各县域平均海拔与人口密度、地区 GDP 的相关系数分别达到 0.8054、0.7440，其相关性较为显著。海拔较高的区域，植被、农作物生长所需的水热条件匹配较差，交通通达程度较弱，人口密度相对较低，从事工农业生产的人口较少、交通可进入性较弱，导致海拔较高区域经济发展水平相对落后。反之，涪江流域低海拔区域一般雨热同期，有利于农作物的生长，另外，自然地理环境优越的低海拔地区交通通达，有利于工业集聚布局，人口相对集中，区域人口密度高，县域经济较发达。

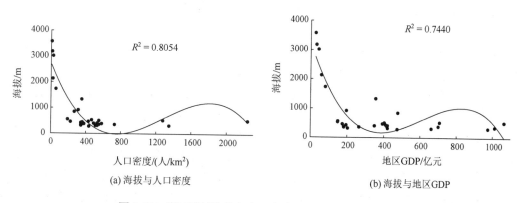

图 1-11　涪江流域海拔与人口密度、地区 GDP 的相关性

#### 2. 地形起伏度与人口、经济相关性分析

　　如前所述，涪江流域的地形起伏度随海拔增加呈增大趋势，人口密度和工农业布局亦受地表崎岖程度的影响，相对平坦的平坝和低丘陵区域有利于农作物种植、工业企业聚集、交通运输线路建设，从而使涪江流域的人口主要集中于海拔和地形起伏度均较低的龙门山东南侧川中丘陵地区。反之，与高海拔区域类似，地形相对高差较大的山地不利于农作物生产、工业企业布局和交通网线布局，宜居性较差，人口分布稀疏，经济状况相对落后（图 1-12）。由图 1-12 可知，研究区各县（市、区）地形起伏度与人口密度、地区 GDP 的相关系数分别为 0.8258、0.7524，具有较明显相关性。不过，虽然地貌形态是决定区域人口、经济发展的主导因素，但近年来随着旅游业的兴盛，处于岷山山脉和龙门山山脉的涪江流域部分县域旖旎的自然风光所带来的旅游收入一定程度上抵消了自然环境产生的经济发展劣势，如地处岷山主峰雪宝顶北麓的九寨沟县人均地区 GDP 近年来均大于位于川中丘陵地区的部分县域单元。

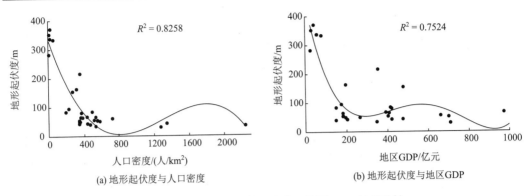

图 1-12　地形起伏度与人口密度、地区 GDP 的相关性

## 1.5.6　分析结果

基于 2020 年涪江流域 31 个县域人口密度、地区 GDP 数据，利用 ArcGIS 空间分析模块，从海拔、地形起伏度的角度分析了涪江流域地貌形态与人口、经济的相关性，结果如下。

（1）涪江流域海拔和地形起伏度均大致呈现西北高、东南低的空间分布格局，其地形起伏度随海拔增加呈增大趋势，两者相关系数可达 0.9167。龙门山断裂带及岷山断块各主干断裂的差异活动使处于涪江流域西北部的九寨沟县、松潘县、茂县、平武县、北川县海拔、地形起伏度明显大于位于研究区东南部的川中丘陵各县域。

（2）涪江流域人口密度、地区 GDP 与县域海拔、地形起伏度呈显著空间负相关，海拔与地形起伏度高值区水热条件匹配较差，交通通达程度较低，不利于农作物生产及工业企业布局，宜居性较弱，因而经济发展水平相对较低、人口稀疏。反之，雨热同期、交通便捷、海拔和地形起伏度较低的区域有利于农业发展和工业集聚布局，区域人口密度高，县域经济较发达。

（3）地形起伏度、海拔均较高的区域虽然经济活动开展的成本和难度较大，但其旖旎的自然风光对游客产生较强吸引力，特别是近年来旅游业的兴起一定程度上抵消了自然环境导致的经济发展劣势。另外，对人口分布、经济发展产生约束作用的因素较多，本研究主要从地貌特征角度对其进行了探讨，在后续的研究中，将深入挖掘其他因素对该区域人口、经济的影响，以期为涪江流域人口与经济合理布局提供理论参考。

## 参 考 文 献

曹伟超, 陶和平, 孔博, 等. 2011. 基于 DEM 数据分割的西南地区地貌形态自动识别研究. 中国水土保持, 32（3）: 38-41.

常直杨, 王建, 白世彪, 等. 2014. 均值变点分析法在最佳集水面积阈值确定中的应用. 南京师范大学学报（自然科学版）, 37（1）: 147-150.

陈田田, 彭立, 刘邵权, 等. 2016. 基于 GIS 的横断山区地形起伏度与人口和经济的关系. 中国科学院大学学报, 33（4）: 505-512.

范况生, 孟德友, 豆明尚. 2017. 基于地貌形态的河南县域经济密度区域差异空间格局. 商丘师范学院学报, 33（6）: 57-64.

封志明, 张丹, 杨艳昭. 2011. 中国分县地形起伏度及其与人口分布和经济发展的相关性. 吉林大学社会科学学报, 17 (1): 146-151.

韩海辉, 高婷, 易欢, 等. 2012. 基于变点分析法提取地势起伏度——以青藏高原为例. 地理科学, 32 (1): 101-104.

胡道科. 2008. 涪江流域水文站网布设研究. 四川水利 (3): 45-48.

康俊, 孙佳, 程炳岩. 2017. 基于 Arc Hydro Tools 的涪江流域特征自动提取分析. 西南师范大学学报 (自然科学版), 42 (6): 83-87.

李翀, 陆吉康. 2009. 涪江通口河流域河网提取及唐家山溃流洪水模拟分析. 中国水利水电科学研究院学报, 7 (1): 1-6.

李婷, 于青秀, 张世熔. 2011. 基于 RS 和 GIS 的涪江流域上游地区土壤侵蚀定量估算. 四川农业大学学报 (29): 84-88.

梁欧博, 任俊杰, 吕延武. 2018. 涪江流域河流地貌特征对虎牙断裂带活动性的响应. 地震地质, 40 (1): 41-55.

绵阳市国土资源编委会. 1998. 绵阳市国土资源. 成都: 四川科学技术出版社.

绵阳市国土资源局. 2015. 绵阳土地资源——第二次全国土地调查成果专题研究. 成都: 成都地图出版社.

莫申国. 2008. 基于 DEM 的秦岭数字地貌格局研究. 华东师范大学学报 (自然科学版) (2): 8-14.

舒丽, 张政权, 吕娟. 2013. 涪江流域遂宁段生态环境监测与水质污染现状评价. 四川环境, 32 (6): 49-53.

唐川, 梁京涛. 2008. 汶川震区北川 9.24 暴雨泥石流特征研究. 工程地质学报, 16 (6): 751-758.

王国庆, 李迷, 金君良. 2012. 涪江流域径流变化趋势及其对气候变化的响应. 水文, 32 (1): 22-28.

王玲, 吕新. 2009. 基于 DEM 的新疆地势起伏度分析. 测绘科学, 34 (1): 113-116.

王渺林, 李身渝, 朱辉. 2006. 涪江流域分布式日径流模型. 人民长江, 37 (12): 42-43.

王勇, 许红梅, 程炳岩. 2014. 1951~2012 年降水变化对涪江流域径流的影响. 气象变化研究进展, 10 (2): 127-134.

谢晓议, 李月臣, 曾暄. 2014. 重庆市地形起伏度及其与人口、经济的相关性研究. 资源开发与市场, 30 (6): 656-659.

许肖云, 张凯, 杨永安. 2017. 浅析涪江流域遂宁段氨氮和总氮的相关性. 四川环境, 36 (1): 64-67.

杨梅, 吴映梅. 2020. 西南山区地形起伏度与经济发展水平空间集聚特征分析. 牡丹江师范学院学报, 18 (3): 32-37.

杨顺, 黄海, 田尤. 2017. 涪江上游泥石流灾损土地特征及典型流域淤积危险性研究. 长江流域资源与环境, 26 (11): 1928-1935.

张静静, 李艳红, 朱连奇. 2019. 豫西山区县域地形起伏度与人口、经济活动分布的关系. 地域研究与开发, 38 (2): 55-60.

章金城, 周文佐. 2019. 四川省地形起伏度与人口/经济的空间自相关关系. 水土保持通报, 39 (1): 250-257.

中国科学院地理研究所. 1987. 中国 1:100 万地貌图制图规范. 北京: 科学出版社.

钟业喜, 陆玉麒. 2009. 基于不同地貌单元的江西省区域经济差异研究. 地域研究与开发, 28 (6): 13-16.

周亮, 徐建刚, 林蔚, 等. 2015. 秦巴山连片特困区地形起伏与人口及经济关系. 山地学报, 33 (6): 742-750.

周云, 王莉, 岳蕴瑶. 2013. 涪江流域绵阳段水质锰污染事件应急处理分析. 环境卫生学杂志, 3 (4): 342-346.

朱林富, 李婷, 张世熔. 2015. 社会经济因素对涪江流域土壤氮素的影响. 水土保持通报, 35 (2): 37-41.

朱思吉, 吴映梅, 李诗意, 等. 2020. 云南省县域海拔高度与经济发展的相关性. 漯河职业技术学院学报, 19 (3): 14-17.

# 第 2 章　LUCC 及生态环境效应研究理论与方法

## 2.1　LUCC 及生态环境效应研究概述

LUCC 又称土地利用时空分异，LUCC 是全球环境变化的重要组成部分和主要原因之一。自 20 世纪 90 年代以来，LUCC 研究已成为全球环境变化研究的重点领域和我国资源科学、地理学、遥感信息科学等多学科的研究热点。国内外 LUCC 研究者们试图通过对人类驱动力—LUCC—全球变化—环境反馈之间的相互作用机制的认识，深入理解人为干扰活动对 LUCC 的影响，从而更多地从人类维度预测 LUCC，进而评估生态环境变化并寻求积极的人为干预。近年来，我国学者开展了许多相关工作，以深化对土地、环境、人口与发展之间相互关系的认识，从整体上把握人类驱动力与土地利用之间的因果关系，从而引导我国合理的土地利用。LUCC 研究可以简单明了地归纳为 3 个研究构成环节（原因、状况和结果）和 4 个核心研究内容（驱动力与驱动机制、类型结构与时空格局状况、效应研究与作用机制、模型模拟与土地可持续利用）（史培军等，2009；臧淑英和冯仲科，2008；全斌，2010；何春阳等，2021）。

### 2.1.1　LUCC 研究动态

#### 1. 信息数据的获取

LUCC 研究需要具有一定广度、深度与精度的数据源，数据直接影响着 LUCC 研究的准确性及结果。就目前来看，遥感因其同步观测、时效性、数据的综合性和可比性及经济性等诸多优势成为国内外获取 LUCC 信息最有效与最可靠的工具。

#### 2. LUCC 驱动机制

由于现有全球性变化模型的高度综合与简化，其无法真正揭示 LUCC 变化的内在机制，所以目前动力机制研究还是以中小尺度（国家或区域尺度）为主。而人口增长和人类活动的驱动力研究是当前 LUCC 研究的焦点，我国开展的区域性案例研究主要集中于两类地区，一类是热点地区，即人文和自然驱动力极为活跃的地区；另一类是脆弱区，对脆弱区的研究有利于认识脆弱性，揭示脆弱区的形成演变机制和各种自然、人文因素对土地利用可持续性的影响。

#### 3. LUCC 研究模型

LUCC 模型是深入了解 LUCC 复杂性的重要手段，目的是更好地理解 LUCC 时空变化驱动力作用机制和过程，预测未来发展变化趋势，并为土地利用政策的制定提供依据。近年来，用于解释的模型越来越多，多数是在原有模型的基础上加以改进。预测 LUCC 趋势至关重要，它对土地规划及土地可持续发展具有指导意义。常见的预测模型有灰色系统、马尔可夫链和系统动力学预测模型以及规划模型等。

## 4. LUCC 生态环境效应

土地利用对生态环境的影响是多方面的，生物多样性以及与之紧密相关的食物资源、水资源和土地资源等的安全性均与区域土地利用强度和格局密切相关。许多研究表明，人类对土地资源的利用将继续以巨大的生物多样性损失为代价。近十几年来，土地利用给生态环境造成很大的压力，针对如何解决此类问题，我国学者进行了众多研究，认为改变土地利用/覆被结构与格局是人类通过政策和管理措施在区域尺度上进行地表过程调控、维护和改善生态环境的切入点，建立合理的土地利用及生态-生产范式是遏制全球环境恶化、维持和改善区域生态环境质量的重要途径。

## 5. LUCC 与可持续发展

人口快速增长、资源短缺与环境污染是 21 世纪中国面临的主要问题。目前，可持续发展已经从理念上升到如何指导地方、区域乃至国家尺度的长期社会经济发展规划和环境保护决策的层次，同时面临许多需要研究的基本科学问题。LUCC 与人类可持续发展的关系十分密切，它直接或间接地影响陆地和海洋生态系统的土地、水、食物等资源的丰缺，也关系到区域/全球的食物安全及区域社会经济的稳定性。

以地圈-生物圈的过程及其与其他圈层的相互作用为基础，围绕构建具有中国特色的土地资源可持续利用理论与评价体系，解决多重胁迫下区域土地生态系统退化状态的"临界值"确定问题，综合研究我国生态安全的主导控制因子，揭示土地退化的动因、关键机理与规律，研究退化土地恢复与重建的示范，探索土地生态系统的健康质量评价与土地生态资产评估的理论和方法，建立土地可持续利用监控系统，正在成为 LUCC 研究的重要方向之一。

## 2.1.2　LUCC 研究存在的问题

## 1. 理论体系构建不成熟

土地利用的深入性和综合性研究有赖于人与自然关系综合理论的发展。根植于人地关系理论的 LUCC 理论，多散见于地理学、农业经济学、生态学与可持续发展理论中，缺乏系统归纳和总结，尚未形成统一的理论体系。这些不成系统的理论，难以在一定的时间内与某个特定的区域有效结合起来，不能解释不同尺度上的 LUCC 动力机制。因此，LUCC 理论亟待形成全面和综合的体系。

## 2. 数据融合困难

土地利用变化研究中，使用的数据一般可以分为三大类，即遥感影像数据、土地利用数据和社会经济统计数据。LUCC 研究中所用到的数据尚存在需进一步探讨的问题。例如，在当前土地利用变化模型中，土地利用数据主要存在兼容性差、分辨率低和社会经济数据的"像元"化等问题，有些因子（如市场、信息和政策等）难以赋值，统计数据由于各部门的统计口径不同，上报中存在错报或漏报等现象，以及现用的数据太依赖遥感等。今后的 LUCC 研究应致力于将种类众多的海量数据整合，以提高精确度及可靠度。

## 3. 模型不完善

LUCC 是比较复杂的多学科交叉的人地关系问题，具有非线性、动态性、延时性等特点，给模型的建立带来很大困难。

### 2.1.3　LUCC 研究展望

## 1. LUCC 与自然过程的相互驱动影响

土地利用变化间接地使气候发生变化，而气候变化又导致土地覆被变化，进而形成土地利用变化的自然反馈机制。但是将自然反馈机制融入土地利用变化模型，尚存在一定困难。

## 2. LUCC 驱动力和驱动机制的相互关系

应充分认识 LUCC 与其主要驱动力之间的关系在局地、区域和全球尺度上的动态和后果，充分考虑 LUCC 对政策调整、技术进步、人口增长、经济发展以及市场变化等社会变量的灵敏性。此外，还应注意意识、信仰等文化因素的影响。

## 3. LUCC 研究尺度问题

LUCC 研究尺度问题已是大家关注的焦点，土地利用变化的发生、时空分布、相互耦合等特性都与研究尺度相依存。如何在整合已有的 LUCC 空间动力学模型和复杂的统计模型的基础上发展可进行时空预测的多尺度模型，仍是目前研究的难点。

## 2.2　LUCC 及生态环境效应研究基础理论

土地资源调查与评价是土地资源学研究的主要内容之一，是以土地资源为对象，针对其数量与质量、空间与时间、现状与未来特征进行自然属性与社会属性的地理认知过程。因此，土地资源调查与评价研究的基础理论涉及地球科学、资源科学、测绘科学、经济学和生态学等学科的相关理论，主要包括土地生产力理论、土地区位理论、土地市场理论、可持续发展理论、地域分异规律、土地生态学理论、人地关系理论、土地信息系统理论等（谢俊奇等，2014；刘耀林和何建华，2016；张远等，2016）。

## 2.2.1 土地生产力理论

土地作为一种重要的自然资源，其价值主要表现在作物、牧草、林产品等的初级生产力方面，因此，通常就将单位面积初级生产力称为土地生产力。土地生产力的基质是土地资源自然力，具有生态性、区域性、时序性等特征，结构表征为土地的多维功能，土地生产力是"非流动"性的，是级差生产力。社会生产力与土地环境协调力是土地生产力的第三形态，体现在三方面：一是生产能力的改变、生产力的多样性运动要与自然环境的差异性相协调；二是生产力布局要与自然环境的区域特点、影响相协调；三是社会生产力要与自然环境的自净力相协调。

土地生产力既能反映产出水平、投入水平及其过程，又能反映资源利用及环境状况，科学技术贯穿该过程的始终。土地生态系统生产力是土地在资源存在与人为影响可能范围内应予实现的生产能力，是各种自然资源与社会经济资源综合作用的结果，土地生产力的持续性提高是整个社会持续发展的基础。

土地生产力在一定外部环境条件下可以达到的上限称为土地生产潜力，一般包括土地光合生产潜力、土地光温生产潜力、土地自然生产潜力和土地经济生产潜力。

## 2.2.2 土地区位理论

区位是自然地理区位、经济地理区位和交通地理区位在空间地域上有机结合的具体表现。区位理论就是关于人类活动的空间分布及其在空间中的相互关系的学说。区位理论从产生之初一直将土地利用问题作为研究重点，因而我们可以说区位理论就是土地利用区位理论（简称土地区位理论）。

土地区位理论主要研究一定经济活动为什么会在特定的土地区域中进行，一定的经营设施为什么会建立于特定的土地区域之内，以及一定的土地收益为什么会与特定的区块或地段相联系等。土地区位差异影响土地利用的类型、结构和效益，从而形成土地的不同使用价值，或者不同的地租和地价。当前关于土地经济活动的土地区位理论主要有农业区位理论、中心区位理论和市场区位理论。一般情况下，土地区位要素主要包括距离市场（城镇）的远近与交通便利状况。

## 2.2.3 土地市场理论

土地市场是指土地这种特殊商品在流通过程中发生的经济关系的总和。在土地市场中，市场的主体是土地的供给者、购买者和其他参与者，市场的客体是交换的目的物，事实上不是土地本身，而是各种内涵不同的土地权利。土地市场具有交易实体非移动性、土地市场地域性、土地市场垄断性、流通方式多样性和供给滞后且弹性较小等特点。土地市场是依靠以价格形成机制为核心的市场机制的作用来运行的，土地价格的形成是由土地的供给与需求来决定的。土地的供求机制和价格决定机制是土地市场运行机制的核心。

土地市场具有三大功能：一是优化配置土地资源；二是调整产业结构，优化生产力布局；三是健全市场体系，实现生产要素的最佳组合。

## 2.2.4　可持续发展理论

可持续发展观在 1987 年世界环境与发展委员会发表的《我们共同的未来》被定义为"既满足当代人的需要，又不对后代人满足其需要的能力构成危害的发展"。它坚持在不损害生态环境承受能力的前提下，解决当代经济发展和生态环境发展的协调关系；坚持在不危及后代人需求的前提下，解决当代不同国家、不同地区以及各国（地区）内部各种经济发展的不协调关系，从而把现代经济发展建立在生态环境良性循环的基础之上，实现由非持续发展向可持续发展的转变，最终达到经济可持续发展（第珊珊，2019）。

可持续发展理论的主要观点可概括为可持续发展的世代观、全球观、系统观、人口观、效益观、平等观六个方面的内容。可持续发展的实质就是要协调好人口、资源、环境与发展的关系，为后代开创一个能够持续健康发展的基础。可持续发展的最终目标包括两个基本方面：一是不断满足当代和后代的生产与生活对物质、能量和信息的需求，既从物质和能量方面，也从信息和文化等方面予以满足；二是不断优化"生态-经济-社会"系统的组织与结构，使得人类生活在更严格、更合理、更健康、更愉悦的环境之中。

## 2.2.5　地域分异规律

地域分异规律是指自然地理环境各组成成分及其构成的自然综合体在地表沿一定方向分异或分布的规律性现象。主要分异规律是：①太阳辐射能按纬度分布不均引起的纬度地带性；②大地构造和大型地貌单元引起的地域分异；③海陆相互作用引起的从海岸向大陆中心发生变化的干湿度地带性；④随山地高度而产生的垂直地带性；⑤地方地形、地面组成物质以及地下水埋深不同引起的地方性分异。

研究地域分异规律是认识自然地理环境特征的重要途径，是进行土地资源调查评价的基础，对合理利用土地资源、因地制宜进行土地利用规划布局有指导作用。

## 2.2.6　土地生态学理论

土地生态学是生态学渗透到土地学产生的新兴学科，研究由气候、岩石、地形、土壤、水文及动植物群落所构成的土地生态系统中物质流、能量流、信息流、价值流的相互作用与转化，研究系统的空间结构景观、内部功能与演替、时间与空间的相互关系。或简而言之，土地生态学是研究一个区域土地生态系统的特性、结构、空间分布及其相互关系的学科。土地生态学的任务是为土地利用规划、土地生态设计和土地管理提供理论依据。

土地生态经济系统是土地生态系统与土地经济系统在特定的地域空间里耦合而形成的生态经济复合系统。土地生态经济系统及其组成部分与周围生态环境共同组成一个有机整体，其中任何一个因素的变化都会引起其他因素的相应变化，并影响系统的整体功能。毁掉地表树林，必然会引起径流的变化，造成水土流失，肥沃的土地将沦为贫瘠的砾石坡，源源不断的溪流将成为一道道干涸的河床，严重时甚至导致气候恶化。因此，人类利用土地资源时，必须要有整体观、全局观和系统观。

## 2.2.7　人地关系理论

人地关系从生态学角度看是人与土地生态环境的相互关系的简称。人地关系就是指人类社会向前发展的过程中，人类为了满足生存的需要，不断地扩大和加深改造、利用地理环境的规模和力度，增强适应地理环境的能力，改变地理环境的面貌，同时地理环境影响人类活动，产生地域特征和地域差异。在人类早期，人地关系理论一般立足于人对自然的依赖和适应，主要着眼于向土地索取食物作为人地关系的平衡点。而后来，随着人口增多和科技发展，人类对土地的需求不再只是食物，不能单纯依赖土地的自然供给。人类也有能力利用和改造自然以满足日益增多的需求，因而后来人地关系研究更多地开拓人地关系中人与自然及其衍生的人口经济问题，从而把人地关系内涵扩展到了"人口-资源（土地）-粮食-能源-环境"的总框架和多元结构关联上，以寻求人类社会经济发展与资源环境的协调和平衡。进而新型人地关系理论认为，协调人地关系，达到不同经济地域间经济上的协调的可持续发展，一是要实现空间上的协调，保证某一特定地域内人口、资源和环境按可持续发展的要求进行重组和最佳配置，二是要实现时间纵向序列上的可持续性，保证经济在整个时序上都有量的增长和质的提升。因此，在研究土地利用与粮食安全问题时，不能只关注耕地的自然因素和经济效益，还应关注人口因素，促进人地关系协调发展。

## 2.2.8　土地信息系统理论

土地信息系统就是把土地资源各要素的特性、权属及其空间分布等数据信息存储在计算机中，在计算机软、硬件支持下，实现土地信息的采集、修改、更新、删除、统计、评价、分析研究、预测和其他应用的技术系统。也就是说，土地信息系统能系统地获取一个区域内所有与土地有关的重要特征数据，并作为法律、管理和经济的基础。土地信息系统是国家对土地利用状况进行动态检测的前提，也是保证科学管理的前提，它是高科技成果在土地管理上的成功运用。

土地信息一般包括以下四大类：环境信息、基础设施信息、地籍信息和社会经济信息。其中，环境信息包括气候、土壤、地质、地貌、河床、植被、野生动物等；基础设施信息包括公共设施、建筑物、交通运输系统等；地籍信息包括权属、测量、土地定级与估价、土地利用控制等；社会经济信息包括经济发展水平、卫生、福利和公共秩序、人口分布等。

# 2.3　LUCC 定量化分析模型

## 2.3.1　土地利用数量变化特征分析方法

土地利用数量变化特征分析是对区域内各种土地利用类型数量组合关系变化的分析，主要包括单一土地利用动态度和综合土地利用动态度（王丽和钱乐祥，2005）。

### 1. 单一土地利用动态度

单一土地利用动态度可以直观地反映类型变化的幅度与速度，也易于通过类型间的比较来反映其间的差异。单一土地利用动态度表达的是某研究区一定时间范围内某种土地利用类型的数量变化情况，其表达式为（刘耀林和何建华，2016）

$$K = \frac{U_b - U_a}{U_a} \times \frac{1}{T} \times 100\% \tag{2-1}$$

式中，$K$ 为研究时段内某一土地利用类型的动态度；$U_a$ 为研究初期某一土地利用类型的数量；$U_b$ 为研究末期某一土地利用类型的数量；$T$ 为研究时段，当 $T$ 的时段设定为年时，$K$ 就是该研究区某种土地利用类型的年变化率。

### 2. 综合土地利用动态度

综合土地利用动态度表达的是某研究区一定时间范围内土地利用类型的数量变化情况，其表达式为

$$LC = \frac{\sum_{i=1}^{n} \Delta LU_{i-j}}{2 - \sum_{i=1}^{n} LU_i} \times \frac{1}{T} \times 100\% \tag{2-2}$$

式中，LC 为综合土地利用动态度；$LU_i$ 为监测起始时间第 $i$ 类土地利用类型的面积；$\Delta LU_{i-j}$ 为监测时段第 $i$ 类土地利用类型转为 $j$ 类土地利用类型的面积的绝对值；$T$ 为研究时段。综合土地利用动态度反映了与 $T$ 时段对应的研究区土地利用类型变化的速度。

## 2.3.2　土地利用程度及空间分异特征分析方法

土地利用程度是土地开发利用广度与深度的属性表征，体现了人地交互作用的密度和强度。土地利用程度的高低反映了具有一定时空的区域，在自然、社会、经济等条件综合作用下，其土地利用方式、类型、结构与布局的合理性和科学性。通过对土地利用程度的研究，可以了解人类活动因素与自然环境因素共同作用的综合效应。随着人类活动的加剧，土地利用程度不断深化，对土地利用程度进行深入研究具有越来越重要的理论和现实意义。

目前，土地利用程度的定量研究方法主要有土地利用程度间接指标体系法及土地利用程度综合指数模型法。土地利用程度间接指标体系法，常采用的指标有土地利用率指数、土地利用垦殖指数、土地利用产出指数等。土地利用程度综合指数模型法克服了土地利用程度间接指标体系法的缺点，已成功地运用于较大尺度的土地利用分异研究当中。

## 1. 土地利用程度间接指标体系法

### 1）土地利用率指数

土地利用率指数指已利用的土地面积与土地总面积之比，一般用百分数表示，是反映土地利用程度的间接数量指标，包括农业土地利用率与非农业土地利用率。

农业土地利用率指一个地区用于农业生产（包括农、林、牧、渔业）的土地占土地总面积的比例，是衡量一个地区或农业生产单位农业土地利用程度的指标。

$$R = S_r / S \times 100\% \tag{2-3}$$

式中，$R$ 为农业土地利用率；$S_r$ 为区域农用地面积；$S$ 为区域土地总面积。

非农业土地利用率指一个地区非农业用地（包括城镇居民点、工矿、交通、旅游、军事等的占地）占土地总面积的比例，是反映非农业用地占用土地状况的指标。

$$G = S_g / S \times 100\% \tag{2-4}$$

式中，$G$ 为非农业土地利用率；$S_g$ 为区域非农业用地面积；$S$ 为区域土地总面积。

### 2）土地利用垦殖指数

土地利用垦殖指数指已开垦利用的耕地面积占土地总面积的比例，是衡量一个地区或农业生产单位耕地开发利用程度的指标。

$$\text{LUCI} = X_i / S_i \times 100\% \tag{2-5}$$

式中，LUCI 为土地利用垦殖指数；$X_i$ 为 $i$ 区域耕地面积；$S_i$ 为 $i$ 区域土地总面积。

### 3）土地利用复种指数

土地利用复种指数指一个地区一年内农作物播种面积与耕地面积的比例，是反映耕地在一年内被重复利用程度的指标。

$$\text{LUSCI} = \frac{1}{S_i} \sum_{j=1}^{n} x_{ij} \times 100\% \tag{2-6}$$

式中，LUSCI 为土地利用复种指数；$i$ 为评价单元序号；$j$ 为作物种类序号，如夏粮、秋粮、棉花、油料、蔬菜等；$S_i$ 为第 $i$ 个评价单元的农用地面积（这里特指耕地）；$x_{ij}$ 为第 $i$ 个评价单元内第 $j$ 类作物的播种面积。

### 4）土地利用产出指数

土地利用产出指数指一个地区一年内农作物产量与区域平均水平的比例，量值大小反映各土地利用单元的产出情况及相应的利用程度。

$$\text{LUYI} = \sum_{j=1}^{N} \left( \frac{r_{ij}}{Y_j} \times r_j \right) \times 100\% \qquad r_{ij} = y_{ij} \sum_{j=1}^{n} x_{ij} \qquad (2\text{-}7)$$

式中，LUYI 为土地利用产出指数；$i$、$j$、$x_{ij}$ 含义同式（2-6）；$y_{ij}$ 为第 $i$ 单元第 $j$ 类作物单产；$r_{ij}$ 为第 $i$ 单元第 $j$ 类作物产量指数；$Y_j$ 为全市第 $j$ 类作物标准潜力值［参考《农用地分等定级规程》（2001 年）］。

5）土地利用率效益指数

土地利用率效益指数指单位面积土地的经济产出量，其大小不仅受到种植制度、土地质量等的影响，而且直接与区域投入水平，特别是经济投入和科技投入息息相关。

$$\text{LUBI} = \sum_{j=1}^{n} \left( \frac{b_{ij}}{B_j} \times r_j \right) \times 100\% \qquad (2\text{-}8)$$

式中，$b_{ij}$ 为第 $i$ 单元第 $j$ 类作物的单位面积产值；$B_j$ 为全县第 $j$ 类作物的单位面积产值；$r_j$ 为第 $j$ 类作物的价格。

## 2. 土地利用程度综合指数模型法

### 1）土地利用程度综合指数

土地利用程度是土地利用类型构成的综合反映，可由土地利用结构状况来测度。一般采用刘纪远提出的土地利用程度综合指数，将土地利用程度按照土地自然综合体在社会因素影响下的自然平衡状态分为 4 级，并分级赋予指数，从而给出土地利用程度的定量表达（全斌，2010）。

$$L_a = \sum_{i=1}^{n} A_i \times C_i \times 100\% \qquad L_a \in [100,400] \qquad (2\text{-}9)$$

式中，$L_a$ 为土地利用程度综合指数；$A_i$ 为第 $i$ 级土地利用程度分级指数（表 2-1）；$C_i$ 为第 $i$ 级土地利用程度分级面积比例。

表 2-1　土地利用程度综合指数分级赋值

| 类型 | 未利用土地级 | 林草水用地级 | 农业用地级 | 城镇村用地级 |
|---|---|---|---|---|
| 土地利用类型 | 未利用地或难利用地 | 林地、草地、水域 | 耕地、园地、人工草地 | 城镇、居民点、工矿用地、交通用地 |
| 分级指数 | 1 | 2 | 3 | 4 |

### 2）土地利用程度综合扩展指数

$$\text{LLa} = \sum_{i=1}^{n} A_i \times C_i \times 100\% \qquad (2\text{-}10)$$

式中，LLa 为土地利用程度综合扩展指数；$A_i$ 为第 $i$ 级土地利用程度分级指数（表 2-2）；$C_i$ 为第 $i$ 级土地利用程度分级面积比例。

拟订土地利用程度综合扩展指数分级赋值如表 2-2 所示。

**表 2-2　土地利用程度综合扩展指数分级赋值**

| 土地利用程度级 | 湖岸、滩地等未利用地 | 草地、河流用地 | 灌木林、疏林地 | 养鱼池、园地 | 水田、旱地 | 城镇、居民点、工矿用地、交通用地 |
|---|---|---|---|---|---|---|
| 分级指数 | 1 | 2 | 3 | 4 | 5 | 6 |

## 3. 土地利用程度时序变化模型

一个特定范围内土地利用程度的变化是多种土地利用类型变化的结果，土地利用程度及其变化量和变化率可定量地揭示该范围土地利用的综合水平和变化趋势。土地利用程度变化量和变化率可表达为

$$\Delta L_{b-a} = L_b - L_a = 100 \times \left( \sum_{i=1}^{n} A_i \times C_{ib} - \sum_{i=1}^{n} A_i \times C_{ia} \right) \tag{2-11}$$

$$R = \frac{\sum_{i=1}^{n}(A_i \times C_{ib}) - \sum_{i=1}^{n}(A_i \times C_{ia})}{\sum_{i=1}^{n}(A_i \times C_{ia})} \tag{2-12}$$

式中，$L_a$ 为 $a$ 时间的区域土地利用程度综合指数；$L_b$ 为 $b$ 时间的区域土地利用程度综合指数；$A_i$ 为区域第 $i$ 级土地利用程度分级指数；$C_{ia}$ 为区域 $a$ 时间第 $i$ 级土地利用程度面积比例；$C_{ib}$ 为区域 $b$ 时间第 $i$ 级土地利用程度面积比例；$\Delta L_{b-a}$ 为区域土地利用程度变化量；$R$ 为区域土地利用程度变化率。如果 $\Delta L_{b-a} > 0$，或 $R > 0$，则区域土地利用处于发展时期，否则处于调整期或衰退期。

## 4. 土地利用程度空间分异模型法

假设 $i$ 区域内土地利用程度综合指数 $La_i$ 与该区域离海岸的距离 $d_i$ 和该区域的平均海拔 $h_i$ 相关，其分异模型为

$$La_i = a_0 d_i + b_0 h_i + c_0 \tag{2-13}$$

土地利用程度经度分异模型：

$$La_e = a_0 + d_{ei} + c_0 \tag{2-14}$$

土地利用程度纬度分异模型：

$$La_t = a_0 d_{ti} + c_0 \tag{2-15}$$

土地利用程度垂直分异模型：

$$La_h = b_0 h_i + c_0 \tag{2-16}$$

式中，La 为评价单元土地利用程度综合指数；$La_e$ 为评价单元土地利用程度经度分异指数；$La_t$ 为评价单元土地利用程度纬度分异指数；$La_h$ 为评价单元土地利用程度垂直分异指数；

$a_0$、$b_0$ 分别为经度分异相关系数、经度分异相关系数；$d_i$、$d_{ei}$、$d_{ti}$ 分别为 $i$ 区域距海岸线距离、经度距离、纬度距离；$c_0$ 为修正常数。

### 2.3.3 土地利用景观格局分异特征分析方法

#### 1. 土地利用景观数量结构指数

土地利用景观数量结构指数用于对区域内各种土地利用类型的数量组合关系进行分析，其景观生态学定量化指标有多样化指数、集中性指数、组合类型系数和区位熵（郑新奇和付梅臣，2010）。

1）多样化指数

多样化指数是分析区域内各种土地的齐全程度或多样化状况的指标，通常采用吉布斯·马丁（Gibbs Mirtin）的多样化指数。计算公式如下：

$$GM = 1 - \sum_{i=1}^{m} f_i^2 \bigg/ \left( \sum_{i=1}^{m} f_i \right)^2 \tag{2-17}$$

式中，GM 为多样化指数；$f_i$ 为第 $i$ 种土地利用类型的面积。当 GM 为 0 时，表示某区域只有一种土地类型；当 GM 为 1 时，表示某区域土地类型均匀分布，可用此模型衡量土地类型的齐全程度或多样化状况。当有 $m$ 种土地利用类型时，GM 最大值为$(m-1)/m$。

2）集中性指数

集中性指数是揭示研究区各类土地利用所处的区位优势状况的指标。计算公式为

$$I_i = (A_i - R) / (M - R) \tag{2-18}$$

式中，$I_i$ 为第 $i$ 单元集中化指数；$A_i$ 为第 $i$ 单元各种土地利用类型累计比例之和；$M$ 为土地利用类型完全集中为一种类型时的累计比例之和，绵阳市 $M$ 为 700%；$R$ 为高一层次区域（此处为绵阳市）各种土地利用类型累计比例之和，本研究 $R$ 为 518.00%。

3）组合类型系数

土地利用结构组合类型分析是为了找出某区域内土地的主要利用类型，目的是进一步阐明该区域内土地利用的特征。一般采用威弗-托马斯（Weaver-Thomas）组合类型系数法来对土地利用空间结构的组合类型进行分析，其步骤如下。

首先，土地利用结构比例排序。把各种土地类型按面积相对比例由大到小顺序排列。

其次，建立假设分类比例矩阵。假设土地只分配给一种类型，则这一种类型的假设分布为 100%，其他类型的假设分布为 0%；如果仅分配给前两种类型，那么这两种类型的假设分布为 50%，其他类型的假设分布为 0%；依此类推，如果土地均匀分配给 7 种类型，则假设分布均为 14.29%。

再次，计算组合类型系数。运用最小方差法计算和比较每一种假设分布与实际分布之差的平方和（称为组合类型系数）。

　　最后，判断组合类型。选择假设分布与实际分布之差的平方和最小的假设分布组合类型（即最小组合系数所对应的那种组合类型），这种组合类型即为该区域土地组合类型。

### 4）区位熵

　　土地利用区位熵是反映某一区域土地利用类型相对于高层次区域空间的集聚程度的测度指标。其计算公式为

$$Q_{ij} = (f_{ij} / F_j) \times \left( \sum_{j=1}^{m} F_j \bigg/ \sum_{j=1}^{m} f_{ij} \right) \tag{2-19}$$

式中，$Q_{ij}$ 为第 $i$ 单元第 $j$ 类土地利用的区位熵；$f_{ij}$ 为第 $i$ 个单元第 $j$ 类土地利用的面积；$F_j$ 为研究区第 $j$ 类土地利用的面积。若 $Q_{ij}>1$，则该种土地具有区位意义；若 $Q_{ij}<1$，则该种土地不具有区位意义。

## 2. 土地利用空间格局指数

　　土地利用空间格局指数用于对区域内各种土地利用类型的空间结构组合关系进行分析。其景观生态学定量化指标有破碎度指数、多样性指数、优势度指数和均匀度指数等。

### 1）破碎度指数

　　破碎度指数用来表征一定区域土地利用景观被地形、水系和人类活动分割的破碎程度，反映景观空间格局的复杂程度，其计算公式为

$$C_i = N_i / A_i \tag{2-20}$$

式中，$C_i$ 为 $i$ 乡镇的景观破碎度；$N_i$ 为 $i$ 乡镇的斑块数；$A_i$ 为 $i$ 乡镇的总面积。

### 2）多样性指数

　　多样性指数是指土地利用类型在空间结构上的多样性，它反映不同区域土地利用类型的丰富度和复杂度。其计算公式为

$$H_i = -\sum_{i=1}^{m} P_{ij} \ln P_{ij} \tag{2-21}$$

式中，$H_i$ 为 $i$ 单元的土地利用结构的多样性指数；$P_{ij}$ 为 $i$ 单元第 $j$ 类土地利用的面积占全部土地利用类型面积之和的比例。

### 3）优势度指数

　　优势度指数用于测度土地利用结构中一种或几种土地利用类型支配全部土地利用类型的程度，其计算公式为

$$D_i = H_{\max} + \sum_{j=1}^{m} P_{ij} \ln P_{ij} \qquad H_{\max} = \ln m \tag{2-22}$$

式中，$D_i$ 为第 $i$ 个单元的土地利用结构的优势度指数；$P_{ij}$ 为第 $i$ 个单元第 $j$ 类土地利用面积占全部土地利用类型面积之和的比例；$m$ 为给定区域的最大土地利用类型数，本研究 $m = 7$。

4）均匀度指数

均匀度指数用于表征土地利用类型的分配均匀程度，其计算公式为

$$E_i = H_i / H_{max} \qquad H_i = -\ln\left[\sum_{j=1}^{m} P_{ij}^2\right] \qquad (2\text{-}23)$$

式中，$E_i$ 为第 $i$ 个单元的土地利用结构的均匀度指数；$H_i$ 为修正了的 Simpson 指数；$P_{ij}$ 和 $m$ 的定义与优势度指数计算公式[式（2-22）]相同。

土地利用空间格局指数的大小反映了人类活动对土地利用的干扰程度，随着干扰程度的增加，土地利用的多样性、均匀度提高，优势度减小。

## 2.4　LUCC 生态环境效应模型

国内外学术界关于土地利用变化的生态环境效应研究从最开始集中于土地利用变化对气候、水文、土壤以及生物等生态环境单一要素影响的研究发展到土地利用变化对区域整体生态环境影响的研究。研究范围开始从生态环境脆弱地区或经济落后地区，逐步拓展到经济发达地区土地利用变化的生态环境综合效应。常用的方法主要有景观格局指数评价法、生态足迹法、区域生态环境质量评价法、生态系统服务价值评价法、土地利用转移矩阵法等定量模型法（傅伯杰等，2016；臧淑英和冯仲科，2008）。

### 2.4.1　LUCC 生态环境质量模型

景观格局是在自然或人为条件的影响下，众多大小不一、形状各异的景观要素的共同作用产生的结果，并影响区域土地生态系统的生态环境质量时空差异。一般将土地利用类型图作为基础，提取土地利用景观类型斑块，从斑块类型和景观水平上，选用生态意义明确的景观格局指数：斑块类型面积及面积比例、斑块数（$N$）、斑块分离度（$F$）以及景观多样性指数（$H$）、优势度指数（$D$）、均匀度指数（$E$）和景观破碎度指数（$C$），分析研究区景观格局的空间变化特征（董建军等，2008）。

生态环境的质量评价是通过为不同土地利用类型赋予特定参数来进行评价的，而这个特定参数按照不同生态环境质量采用不同的权重值进行打分来确定。通过对不同地区生态环境质量进行打分计算，可以直观地从数据层面感知土地利用变化对生态环境的作用，得出不同土地利用类型所引起的区域生态环境质量差异（陈万旭等，2019）。

1. 生态环境质量指数

生态环境质量指数能够描述区域生态环境质量相对大小，生态环境质量指数是通过各土地利用类型的面积比例乘以生态风险强度参数来构建的，其表达式如下：

$$EV = \sum_{i=1}^{n} \frac{A_i W_i}{A} \qquad (2\text{-}24)$$

式中，EV 为生态环境质量指数；$i$ 为第 $i$ 种土地利用类型；$A_i$ 为第 $i$ 种土地利用类型的面积；$A$ 为区域的总面积；$W_i$ 为第 $i$ 种土地利用类型反映的生态风险强度参数。一般引用杨述河等（2004）得出的土地利用分类系统及其生态环境质量指数赋值表（表 2-3），基于研究区土地利用二级分类系统中各类景观面积，用生态环境质量指数定量表征生态环境质量的总体状况，生态环境质量指数越大，表示生态环境质量越好（表 2-4）。

**表 2-3　土地利用分类系统及其生态环境质量指数赋值**

| 一级类型 | | 二级 | | 生态环境质量指数 | 一级类型 | | 二级 | | 生态环境质量指数 |
|---|---|---|---|---|---|---|---|---|---|
| 编号 | 名称 | 编号 | 名称 | | 编号 | 名称 | 编号 | 名称 | |
| 1 | 耕地 | 11 | 水田 | 0.30 | 4 | 水域 | 44 | 冰川雪地 | 0.90 |
| | | 12 | 旱地 | 0.25 | | | 45 | 海涂 | 0.45 |
| 2 | 林地 | 21 | 有林地 | 0.95 | | | 46 | 滩地 | 0.55 |
| | | 22 | 灌木林 | 0.65 | 5 | 建设用地 | 51 | 城镇用地 | 0.20 |
| | | 23 | 疏林地 | 0.45 | | | 52 | 农村居民点 | 0.20 |
| | | 24 | 其他林地 | 0.40 | | | 53 | 其他建设用地 | 0.15 |
| 3 | 草地 | 31 | 高覆盖度草地 | 0.75 | 6 | 未利用地 | 61 | 沙地 | 0.01 |
| | | 32 | 中覆盖度草地 | 0.45 | | | 62 | 戈壁 | 0.01 |
| | | 33 | 低覆盖度草地 | 0.20 | | | 63 | 盐碱地 | 0.05 |
| 4 | 水域 | 41 | 河流 | 0.55 | | | 64 | 沼泽地 | 0.65 |
| | | 42 | 湖泊 | 0.75 | | | 65 | 裸土地 | 0.05 |
| | | 43 | 水库坑塘 | 0.55 | | | 66 | 裸岩石砾地 | 0.01 |

**表 2-4　"三生空间"土地利用主导功能分类及其生态环境质量指数赋值**

| "三生空间" 一级地类 | 土地利用主导功能分类 二级地类 | 土地利用分类系统的二级分类 | 生态环境质量指数 |
|---|---|---|---|
| 生产用地 | 农业生产用地 | 水田、旱地 | 0.293 |
| | 工矿生产用地 | 工矿、交通建设用地 | 0.010 |
| 生态用地 | 林地生态用地 | 有林地、灌木林地、疏林地、其他林地 | 0.883 |
| | 牧草生态用地 | 高覆盖度草地、中覆盖度草地、低覆盖度草地 | 0.798 |
| | 水域生态用地 | 河流、湖泊、水库和坑塘、冰川和永久积雪地、海涂、滩地 | 0.521 |
| | 其他生态用地 | 沙地、戈壁、盐碱地、沼泽地、裸土地、裸岩石砾地 | 0.025 |
| 生活用地 | 城镇生活用地 | 城镇用地 | 0.010 |
| | 农村生活用地 | 农村居民点用地 | 0.010 |

## 2. 土地利用转移矩阵模型

在 GIS 的支持下，通过对不同时期的遥感影像或土地利用图进行空间叠加运算，求出各时期土地利用类型的转移矩阵，进而分析土地利用变化的过程（井云清等，2017）。在实际应用时，对任意两期（$k$ 及 $k+1$）土地利用类型图 $A_{i+j}^k$ 和 $A_{i+j}^{k+1}$，可以运用地图代数方法 [式（2-25）] 求得

$$C_{i\times j} = A_{i+j}^k \times 10 + A_{i+j}^{k+1} \quad （土地利用类型小于 10 时适用） \quad (2-25)$$

由 $k$ 时期到 $k+1$ 时期的土地利用变化图 $C_{i\times j}$ 表现了土地利用变化的类型及其空间分布。据此可以求得土地利用类型相互转化的数量关系的原始转移矩阵。

## 3. 土地利用类型转变生态贡献率（指数）

土地利用类型转变生态贡献率指某一种土地利用类型变化所导致的区域生态环境质量变化的定量评价指标（李晓文等，2003），其表达式为

$$LEI = (LE_{t+1} - LE_t)LA / TA \quad (2-26)$$

式中，LEI 为土地利用类型转变生态贡献率；$LE_{t+1}$ 和 $LE_t$ 分别为某种土地利用类型变化初期和变化末期的生态环境质量指数；LA 为该变化类型的面积；TA 为区域总面积。

据此，每种土地利用变化类型即体现了一种生态价值流，使得区域内某一局部的生态价值升高或降低，通过地图代数，土地利用转移矩阵可获得诸多土地利用类型，从而为深入分析土地利用变化对区域生态环境的影响奠定了基础，也有利于探讨区域生态环境变化的主导因素。

## 4. 生态系统质量指数模型

生态系统质量是指生态系统的优劣程度，它以生态学理论为基础，在特定的时间和空间范围内，从生态系统层次上，反映生态系统对人类活动及社会经济持续发展的适宜程度。生态系统质量指数反映生态系统的基本特征，体现生态系统的健康状态，刻画自然生态系统维持现有服务功能的持续性和稳定性。生态系统质量监测评价的内容具体包括①生态系统的生产能力，是系统中绿色植被光合作用富集的能量，生产能力可以体现在生物量的富集上；②服务功能的稳定性，即生产能力的波动，生产能力的波动可以体现在 NPP 的年际变化趋势上；③生态系统受到的人类干扰程度可以体现在覆盖度以及土地利用类型变换上。生态系统质量监测的主要指标包括生物量、NPP、植被覆盖度、干旱指数、荒漠面积比例、湿地面积比例等。其分析与评价常用的指数模型有相对生物量密度、生态系统质量指数、净初级生产力指数。

1）相对生物量密度

相对生物量密度为基于遥感影像的像元的（森林、草地、湿地、荒漠）生态系统的生物量与该生态系统类型最大生物量的比值。其计算公式为

$$\mathrm{RBD}_{ij} = \frac{B_{ij}}{\mathrm{CCB}_j} \times 100\% \tag{2-27}$$

式中，$\mathrm{RBD}_{ij}$ 为第 $j$ 类生态系统第 $i$ 像元的相对生物量密度；$B_{ij}$ 为第 $j$ 类生态系统第 $i$ 像元的生物量，通过遥感影像获得；$\mathrm{CCB}_j$ 为第 $j$ 类生态系统顶级群落每像元的生物量，运用生态系统长期定位观测数据，或样地调查数据获得。

2）生态系统质量指数

生态系统质量指数为基于遥感影像的像元的（森林、草地）生态系统的生物量密度与该生态系统类型最大生物量密度的比值。其计算公式为

$$\mathrm{EQ}_j = \frac{\sum_{i=1}^{n} \mathrm{RBD}_{ij} \times S_{\mathrm{p}}}{S_j} \tag{2-28}$$

式中，$\mathrm{EQ}_j$ 为第 $j$ 类生态系统质量指数；$n$ 为像元数量；$\mathrm{RBD}_{ij}$ 为第 $j$ 类生态系统第 $i$ 像元的相对生物量密度；$S_{\mathrm{p}}$ 为每个像元的面积；$S_j$ 为评价区域内第 $j$ 类生态系统的总面积。

森林、草地生态系统质量采用基于像元的相对生物量密度进行评价，具体评价标准见表 2-5。湿地生态系统质量则采用断流/干枯时间、富营养化状况指数进行评价，具体评价标准见表 2-6。

**表 2-5　森林与草地生态系统质量分级标准**　　　　　（单位：%）

| 质量等级 | EQ |
| --- | --- |
| 优 | ≥85 |
| 良 | [70, 85) |
| 中 | [50, 70) |
| 差 | [25, 50) |
| 劣 | <25 |

**表 2-6　湿地生态系统质量分级标准**

| 评价指标 | 较好 | 良好 | 中等 | 差 |
| --- | --- | --- | --- | --- |
| 断流/干枯时间 | 无 | 偶尔 | 季节性 | 常年 |
| 富营养化状况指数 | <30 | [30, 50) | [50, 70) | ≥70 |

3）净初级生产力指数

净初级生产力指数为基于像元的（森林、草地）生态系统的 NPP 与该生态系统类型最大 NPP 的比值。其计算公式为

$$\text{NPPD}_i = \frac{\text{NPP}_i}{\text{MNPP}_j} \qquad\qquad (2\text{-}29)$$

式中，$\text{NPPD}_i$ 为第 $i$ 像元净初级生产力指数；$\text{NPP}_i$ 为第 $i$ 像元净初级生产力，通过遥感数据获得；$\text{MNPP}_j$ 为第 $j$ 类生态系统顶级群落的净初级生产力，运用生态系统长期定位观测数据，或文献研究数据获得。

### 2.4.2　LUCC 生态安全响应模型

生态环境是人类生存和社会发展的基础，它提供了人类维系生存和从事各种活动所必需的最基本的物质资源。但是随着全球变暖、海平面上升、地面下沉、臭氧层空洞的出现与扩大、生物多样性锐减、海洋生态危机、酸雨、温室效应、草场退化、森林锐减、水土流失、干旱洪涝、大气污染、水污染、噪声、电磁波辐射等人类生存威胁因素的产生，人类的生存环境正遭受着前所未有的破坏。在这种背景下，全球研究者提出"生态安全"概念。

所谓生态安全，是指支撑一个国家或区域的人类社会发展所需要的生态环境处于不受或少受破坏与威胁的状态，即生物与环境、生物与生物、人类与地球生态系统之间保持着正常的功能与结构。国内外对生态安全概念的提法有很多，但是其中心点均是要阐明生态环境承载力与人类社会发展的相互关系，核心是人与环境的协调程度，人类对环境过度的施压就会导致生态环境状况和质量的改变，最终生态环境反作用于人类，危及人类自身的生存和可持续发展。生态安全有着整体性、综合性、全球性、区域性、基础性、长期性、动态性、不可逆性、战略性的特点。生态安全根据不同的标准划分为不同的类型，根据要素划分为资源生态安全、环境生态安全、生物生态安全、生态系统安全；根据生态安全尺度划分为局地生态安全、区域生态安全、国家生态安全、全球生态安全。

生态安全评价是从保障人类生存与发展这样一种主体需要的角度出发，按照生态系统本身为人类提供服务功能的状况和保障人类社会可持续发展的需求，来衡量生态系统对其满足的程度，即对生态安全的状况的评价。生态安全评价中重要的是框架的构造与指标体系的建立，区域生态安全评价研究尚未形成体系，还没有通用的评价框架。LUCC生态安全响应对生态安全以及对生态安全评价的研究有着重要的意义。

根据国内外研究现状，目前主要应用以下几种方法对生态安全进行评价。

1. 生态安全指数模型

生态安全指数模型是目前最常用最常见的生态安全评价方法，是对复杂现象的决策思维过程进行系统化、量化的方法。应用该方法要先选取评价指标，选取指标时要遵循主导性、整体完备性、科学性、可操作性、层次性、相对独立性等原则，然后根据压力-状态-响应模式，建立评价指标体系。建立评价指标体系时，按照层次分析法，多数分为四个层次，可归纳为①目标层，多数以生态安全综合指数（ESSI）作为总目标层，以综合表征区域生态环境系统安全态势；②准则层，制约区域生态环境系统安全的主要因素，可以以资源环境压力、生态环境状态、人文社会响应作为准则层的评判依据；③因素层，是各指标因子的基本分类，表征了基本因子的不同类型与分组包括资源环境压力中的人文社会压力、自然界压力两个因素，生态环境状态中的组成结构、生态系统生产力两个因素，以及人文社会响应中的调控措施一个因素；④指标层，由可直接度量的指标构成，是区域生态安全综合指标体系最基本的层面，区域生态安全综合指数就是由各个指标的值通过一定的模型算法得到的。然后根据生态安全综合指数模型：

$$\text{ESSI} = \sum_{i=1}^{n} A_i \times W_i \tag{2-30}$$

式中，$A_i$ 为第 $i$ 项生态安全指标的标准化值；$W_i$ 为生态安全评价指标 $i$ 的权重；$n$ 为指标的总项数。计算出生态安全综合指数，再参考以下标准：①国家、行业和地方规定的强制标准；②国际或国内公认值；③类比标准，即以全国平均水平作为参考标准等；④科学研究已判定的生态效应；⑤专家经验值等标准来确定生态安全等级划分的阈值，一般将生态安全划分为五级：生态安全、生态较安全、临界安全（预警）、生态欠安全（中度预警）以及生态不安全（重度预警）。

## 2. 生态足迹方法

生态足迹方法是从目前人类对自然资源的开发利用和释放废物的速度是否超过了自然的再生能力和自净能力的角度来评估区域的发展是否处于可持续的状态。生态足迹方法主要是通过对研究区生态足迹、生态承载力、生态赤字的测算，来测评区域的可持续发展状况。如果区域的生态足迹超过了区域所能提供的生态承载力，就出现生态赤字，如果小于区域的生态承载力，则表现为生态盈余。生态足迹的计算模型为

$$E_F = N \times e_F = N \sum_{i=1}^{n} a_i = N \sum_{i=1}^{n} \left( c_i \big/ p_i \right) \quad i = 1, 2, \cdots, n \tag{2-31}$$

生态承载力的计算模型：

$$E_C = N \sum_{j=1}^{8} e_C = N \sum_{j=1}^{8} (a_{ij} \times r_j \times y_j) \quad j = 1, 2, \cdots, 8 \tag{2-32}$$

生态赤字模型：

$$E_D = E_F - E_C = N(e_F - e_C) \tag{2-33}$$

生态安全模型：

$$T = E_F \big/ E_C = e_F \big/ e_C \tag{2-34}$$

式中，$E_F$ 为区域生态足迹；$E_C$ 为区域生态承载力；$E_D$ 为生态赤字；$e_F$ 为人均生态足迹；$e_C$ 为人均生态承载力；$N$ 为人口数；$a_i$ 为第 $i$ 种物质人均占用的生物生产面积；$c_i$ 为第 $i$ 种物质的人均消费量；$p_i$ 为第 $i$ 种物质的世界平均生产能力；$n$ 为消费的物质种类总数；

$a_{ij}$ 为人均实际占有的生物生产面积；$r_j$ 为均衡因子；$y_j$ 为产量因子；$T$ 为生态安全压力指数。根据生态安全压力指数、生态足迹与生态承载力之间的关系，将生态安全划分为不同的级别，评价区域生态安全状况。

### 2.4.3 LUCC 生态服务功能分析模型

生态系统是生物圈的重要组成部分，是地球的生命支持系统，也是维系人类生存和发展的重要基础。生态系统服务既为全球人类的生产生活提供物质来源，也为整个生命系统的维持提供必需的自然条件和效用。一般意义上说，生态系统服务是指借助于生态系统的格局、动态过程及其特殊的功能获得支持生命的产品和服务，各类自然资产含有多种价值，这些价值与生态系统服务功能相互适应、相互影响。因此，有必要对这些自然资产的价值进行正确的评估，评估的方法和技术就显得尤为重要，探索和研究不同的环境价值评估技术也成为全球变化研究的重要方向之一，用市场估值法和消费者支付意愿法来评估环境价值是人们通常选用的两种方法，这能够快速、准确和动态地了解整个国家生态系统效益的价值，对合理地发展国民经济生产、有效地进行相应的生态环境建设与保护，以及对各级政府进行宏观决策都具有重要的科学意义和现实意义（梁友嘉和刘丽珺，2018）。

由于土地利用与生态系统服务关系密切，相关研究把 LUCC 驱动下的生态系统服务价值变化，作为 LUCC 环境效应的一个重要量化指标。所谓生态系统服务价值是指人类从生态系统功能中直接或间接获得利益的货币价值。土地利用以及由此导致的土地覆盖变化影响着生态系统的结构和功能，对维持生态系统服务功能起着决定性的作用。土地是各种陆地生态系统的载体，生态系统类型在土地利用中表现为土地利用类型。因此，计算特定区域的生态系统服务价值可定量分析生态环境质量对 LUCC 的演变的作用（胡文敏，2014）。

1. 生态系统服务价值指数模型

为了计算方便，将土地生态系统服务价值较低的土地的相对价值设为 1，结合彭建等（2017a，2017b）的研究成果，将单位面积生态系统服务价值标准进行一定的修正（表 2-7），建设用地生态系统服务价值近似为 0；裸岩、荒漠等纳入其他用地计算。

生态系统服务价值指数具体公式为

$$EVI_i = v_i \times r_i \qquad (2\text{-}35)$$

$$EVI = \sum_{i=1}^{n} EVI_i \qquad (2\text{-}36)$$

式中，$EVI_i$ 为第 $i$ 种土地利用类型的生态系统服务价值指数；$EVI$ 为整个区域的生态系统服务价值指数；$v_i$ 为第 $i$ 种土地利用类型的相对生态系统服务价值；$r_i$ 为第 $i$ 种土地利用类型在整个区域的面积占比；$n$ 为土地利用类型的数量。

表 2-7　中国陆地生态系统单位面积生态系统服务价值当量　[单位：元/(hm²·a)]

| 服务类型 | 农田 | 湿地 | 森林 | 草地 | 水体 | 其他用地 |
|---|---|---|---|---|---|---|
| 气体调节 | 0.50 | 1.87 | 3.50 | 0.80 | 0.00 | 0.00 |
| 气候调节 | 0.89 | 17.10 | 2.70 | 0.90 | 0.46 | 0.00 |
| 水源涵养 | 0.60 | 15.50 | 3.20 | 0.80 | 20.38 | 0.03 |
| 土壤形成与保护 | 1.46 | 1.71 | 3.90 | 1.95 | 0.01 | 0.02 |
| 废物处理 | 0.71 | 18.18 | 1.31 | 1.31 | 181.18 | 0.01 |
| 生物多样性保护 | 1.00 | 2.50 | 3.26 | 1.09 | 2.49 | 0.34 |
| 食物生产 | 0.10 | 0.30 | 0.10 | 0.30 | 0.10 | 0.01 |
| 原材料 | 0.10 | 0.07 | 2.60 | 0.05 | 0.01 | 0.00 |
| 娱乐文化 | 0.01 | 5.55 | 1.28 | 0.04 | 4.34 | 0.01 |
| 合计 | 5.37 | 62.78 | 21.85 | 7.24 | 208.97 | 0.42 |

各个时期生态系统服务价值总量不同，各种土地利用类型生态系统服务价值也是不断变化的，其贡献大小一般采用生态系统服务价值生态贡献率获得，其计算公式为

$$EVI_c = \frac{|EVI_b - EVI_a|}{\sum\limits_{i=1}^{n}|EVI_b - EVI_a|} \tag{2-37}$$

式中，$EVI_c$ 为某土地利用类型的生态系统服务价值生态贡献率；$EVI_a$、$EVI_b$ 分别为研究初期、末期某土地利用类型的生态系统服务价值。

## 2. 植被指数模型

植被指数是遥感应用领域中用来表征地表植被覆盖和生长状况的一个简单有效的度量参数模型。其是不同波段的植被-土壤系统的反射率因子以一定的形式组合成的一个参数，与植被特性参数间的函数联系，比单一波段值更稳定、可靠。植被指数是对地表植被活动的简单、有效和经验的度量，将两个或多个光谱观测通道组合就可得到植被指数，植被指数在一定程度上反映植被的变化信息，被广泛应用于全球或区域土地覆盖信息提取、植被分类和环境变化分析、土地初级生产力分析、作物估产、干旱监测等。

常用的植被指数有三类，第一类为简单植被指数，基本为各种光谱波段的组合，不包含光谱信息外的其他因素，如比值植被指数（RVI）、差分植被指数（DVI）和归一化植被指数（NDVI）；第二类为基于土壤线的植被指数，如垂直植被指数（PVI）、土壤调节植被指数（SAVI）、修正的土壤调节植被指数（MSAVI）；第三类为基于大气校正的植被指数，如全球环境监测指数（GEMI）、抗大气植被指数（ARVI）和增强植被指数（EVI）（李晓雅等，2021）。

1）归一化植被指数

归一化植被指数（NDVI）由 Rouse 等于 1973 年提出，NDVI 增强了波段对植被的响应能力，可以消除大部分与仪器定标、太阳角、地形、云阴影和大气条件等有关的辐照度的变化。该指数反映植被冠层的背景影响且与植被覆盖度有关，可以用来监测植被生长活动的季节与年际变化。计算公式为

$$NDVI = \frac{\rho_{NIR} - \rho_{Red}}{\rho_{NIR} + \rho_{Red}} \qquad (2-38)$$

式中，$\rho_{NIR}$ 为近红外波段反射率；$\rho_{Red}$ 为红光波段反射率。

归一化植被指数是当前已有植被指数中应用最广的一种，取值范围为[–1, 1]，负值表示地物在可见光波段具有反射特性，往往与云、水、雪等相关联；0 值往往代表岩石或裸土；正值表示的是不同程度的植被覆盖，值越大则植被覆盖度越高。归一化植被指数计算简单，可以应用于大范围的植被变化监测，但也有局限性，会受到大气层辐射的影响。

2）增强植被指数

Liu 和 Huete（1995）根据土壤和大气相互作用这一事实，发展了一种对相互作用的冠层背景和大气影响进行修正的反馈算法，将背景调整和大气修正综合到反馈方程中，从而得到增强植被指数，增强植被指数也称改进型土壤大气修正植被指数，其计算公式为

$$EVI = 2.5 \times \frac{\rho_{NIR} - \rho_{Red}}{\rho_{NIR} + c_1\rho_{Red} + c_2\rho_{Blue} + L} \qquad (2-39)$$

式中，$\rho_{NIR}$ 为近红外波段反射率；$\rho_{Red}$ 为红光波段反射率；$\rho_{Blue}$ 为蓝光波段反射率；$L$ 为背景调节参数；$c_1$ 和 $c_2$ 描述的是用蓝色通道对红色通道进行大气气溶胶的散射修正。MODIS 的 EVI 产品算法中，$L = 1$，$c_1$ 和 $c_2$ 的取值分别为 6.0 和 7.5。增强植被指数具有很好的抵抗大气干扰的能力，而且避免了比值植被指数的饱和问题，但其实用性还需进一步验证。

3）其他常用植被指数计算模型

比值植被指数是指植被冠层近红外波段反射率与红光波段反射率的比值，其计算公式为

$$RS = \frac{\rho_{NIR}}{\rho_{Red}} \qquad (2-40)$$

差值植被指数：

$$DVI = \rho_{NIR} - \rho_{Red} \qquad (2-41)$$

简化的比值植被指数：

$$RSR = \frac{\rho_{NIR}}{\rho_{Red}}\left(1 - \frac{\rho_s - \rho_{s-min}}{\rho_{s-max} - \rho_{s-min}}\right) \qquad (2-42)$$

式中，RSR 为简化的比值植被指数，它对植被类型变化的敏感性小，尤其对混合像元非常有用；$\rho_{NIR}$、$\rho_{Red}$ 和 $\rho_s$ 分别为近红外波段反射率、红光波段反射率和短波红外波段反射率；$\rho_{s\text{-}max}$ 和 $\rho_{s\text{-}min}$ 分别为影响中最大和最小短波红外波段反射率。

垂直植被指数：

$$PVI = \frac{\rho_{NIR} - \alpha\rho_{Red} - b}{\sqrt{a^2 + 1}} \tag{2-43}$$

式中，$a$ 和 $b$ 分别为土壤线的斜率和截距；$\alpha$ 为土壤线和近红外轴的夹角，土壤线是指在近红外波段和红光波段构成的二维光谱空间特征中，土壤背景的光谱特性表现为一个由原点发射的直线，即 $\rho_{NIR\_soil} = a\rho_{Red\_soil} + b$。

土壤调节植被指数：

$$SAVI = \frac{(\rho_{NIR} - \rho_{Red})(1 + L)}{\rho_{NIR} + \rho_{Red} + L} \tag{2-44}$$

式中，SAVI 为土壤调节植被指数，可以抑制土壤噪声影响；$L$ 为土壤调整因子，其取值取决于植被的密度，变化在 0（黑色土壤）~1（白色土壤），如果土壤信息未知，建议取值为 0.5。

修正的土壤调节植被指数：

$$MSAVI = \frac{2\rho_{NIR} + 1 - \sqrt{(2\rho_{NIR} + 1)^2 - 8(\rho_{NIR} - \rho_{Red})}}{2} \tag{2-45}$$

## 3. 累积 NPP 模型

对于草地、农田生态系统来说，生物量的估算可以采用累积 NPP 法进行估算，即通过对草地、农田的生长期（开始生长时间与结束生长时间）的确定，对生长期内 NPP 进行累加以计算地上生物量。其计算公式为

$$NPP = APAR(t) \times \varepsilon(t) \tag{2-46}$$

式中，

$$APAR = FPAR \times PAR \tag{2-47}$$

式中，PAR 为植被能进行光合作用的驱动能量，其能量为达到地表的太阳总辐射量的一个分量，通过 $PAR = 0.48 \times K_{24}^{\downarrow}(t)$ 计算获得，$K_{24}^{\downarrow}(t)$ 为太阳总辐射量，由联合国粮食及农业组织公布的技术文档中的经验公式计算获得；FPAR 为植被对入射光合有效辐射的吸收比例，一般可以利用比值植被指数计算获得，其计算公式为

$$FPAR = \frac{(SR - SR_{min}) \times (FPAR_{max} - FPAR_{min})}{SR_{max} - SR_{min}} + FPAR_{min} \tag{2-48}$$

$$SR = \frac{\rho_{NIR}}{\rho_{Red}} = \frac{1 + NDVI}{1 - NDVI} \tag{2-49}$$

式中，$FPAR_{min}$ 和 $FPAR_{max}$ 的取值与植被类型无关，分别取值为 0.001 和 0.95；$SR_{min}$ 和 $SR_{max}$ 与植被类型有关，为对应植被类型的 NDVI 的 5% 和 95% 的下侧百分位数；$\rho_{NIR}$ 和 $\rho_{Red}$ 分别为近红外波段反射率和红光波段反射率。

$\varepsilon$ 为植被将吸收的光合有效辐射通过光合作用转化为有机碳的效率。一般认为植被对光的利用效率是随生长季节内环境条件的不断变化而变化的，主要受到温度和水分的胁迫。其计算公式为

$$\varepsilon(t) = \varepsilon^* \times T_1(t) \times T_2(t) \times W(t) \tag{2-50}$$

式中，$\varepsilon^*$ 为最大光利用率，g/MJ；$T_1$ 和 $T_2$ 为不同时刻环境温度对光利用的抑制影响；$W$ 为水分影响胁迫系数，三者均通过联合国粮食及农业组织公布的技术文档中的经验公式计算获取或文献数据获得。

## 4. 固碳释氧量指数模型

由植物光合作用公式（$6CO_2 + 6H_2O \xrightarrow{\text{光}} C_6H_{12}O_6 + O_3$）及质量守恒定律，推求研究区的固碳量及释氧量。计算公式为

$$\begin{aligned} A_t &= NPP \times (6 \times 44) \div 180 \\ A_y &= NPP \times (6 \times 32) \div 180 \end{aligned} \tag{2-51}$$

式中，$A_t$ 为研究区单位面积上的固碳量，$gC/m^2$；$A_y$ 为研究区单位面积上的释氧量，$gC/m^2$。

## 5. 土壤保持量估算模型

土地生态系统的土壤环境效应估算模型一般采用通用土壤流失方程（USLE）模型（环境保护部卫星环境应用中心和中国环境监测总站，2013），根据研究区 DEM 数据、土壤相关参数、区域降水量及 NDVI 信息等来确定研究区土壤侵蚀量，进而计算研究区土壤保持量数据。其通用计算公式为

$$A_m = R \times K \times LS \times P \times C \tag{2-52}$$

式中，$A_m$ 为单位面积上的实际侵蚀量，$t/km^2$；$R$ 为降水量侵蚀力因子，$(MJ\cdot mm)/(km^2\cdot h)$；$K$ 为土壤可侵蚀性因子，$(t\cdot h)/(MJ\cdot mm)$；LS 为坡度坡长因子，无量纲；$P$ 为土壤保持措施因子，无量纲；$C$ 为植被覆盖和经营管理因子，无量纲。各因子参数计算借鉴文献资料相关方法获得。

## 6. 水源涵养量估算模型

土地生态系统的水源涵养效应通常采用土地生态系统总持水量评价，一般由冠层截留量、枯落物层持水量、土壤层蓄水量的总和来构成。研究区植被的水源涵养能力的计算需对农用地及城市绿地进行区分。其中，城市人工绿地的水源涵养量估算模型见式（2-53），农用地的水源涵养能力主要体现在土壤蓄水能力及冠层截留降水能力上，故研究农用地的水源涵养能力时只考虑农作物冠层截留量 $Q_1$ 和土壤层储水量 $Q_3$，模型见

式（2-54），总水源涵养量计算公式见式（2-55）。

$$Q_r = Q_1 + Q_2 + Q_3$$
$$Q_1 = S_i^j \times m_i \times \alpha$$
$$Q_2 = S_i^j \times L \times \beta \qquad (2\text{-}53)$$
$$Q_3 = S_i^j \times H \times \gamma$$
$$Q_n = Q_1 + Q_3 \qquad (2\text{-}54)$$
$$Q_总 = Q_r + Q_n \qquad (2\text{-}55)$$

式中，$Q_r$ 为城市人工绿地水源涵养量，$m^3$；$Q_1$ 为农作物冠层截留量，$m^3$；$Q_2$ 为枯落物层持水量，$m^3$；$Q_3$ 为土壤层蓄水量，$m^3$；$S_i^j$ 为 $i$ 年 $j$ 植被面积，$km^2$；$m_i$ 为 $i$ 年降水量，mm；$\alpha$ 为植被冠层截留率，%；$L$ 为植被落叶层积累量，t/hm²；$\beta$ 为植被枯落物层的最大储水率，%；$H$ 为下土层深度，mm；$\gamma$ 为土壤的非毛管孔隙度，%；$Q_n$ 为农用地水源涵养量，$m^3$；$Q_总$ 为总水源涵养量，$m^3$。相关参数一般根据区域差异通过样地长期监测或文献数据获得。

## 参 考 文 献

陈万旭，李江风，曾杰，等.2019.中国土地利用变化生态环境效应的空间分异性与形成机理.地理研究，38（9）：3173-2187.
陈莹，许有鹏，尹义星.2009.基于土地利用/覆被情景分析的长期水文效应研究：以西苕溪流域为例.自然资源学报，24（2）：351-359.
邓楚雄，彭勇，李科.2021.基于生产-生态-生活空间多情景模拟下的流域土地利用转型及生态环境效应.生态学杂志，40（8）：2506-2516.
第珊珊.2019.土地利用变化及其生态环境效应研究——以崇州市为例.成都：四川师范大学.
董建军，张庆，牛建明.2008.呼和浩特市土地利用变化及其景观格局和生态环境效应分析.内蒙古大学学报（自然科学版），39（4）：417-424.
傅伯杰，陈利顶，马克明，等.2016.景观生态学原理及应用.北京：科学出版社.
戈嘉璐，谢清雅.2016.大连市土地利用景观格局及其生态环境效应分析.国土与自然资源研究（3）：53-55.
何春阳，张金茜，刘志锋，等.2021.1990—2018年土地利用/覆被变化研究的特征和进展.地理学报，76（11）：2730-2747.
胡文敏.2014.环洞庭湖区土地利用变化及其生态环境效应.长沙：湖南农业大学.
环境保护部卫星环境应用中心，中国环境监测总站.2018.生态环境遥感监测技术.北京：中国环境出版集团.
井云清，张飞，陈丽华，等.2017.艾比湖湿地土地利用/覆被-景观格局和气候变化的生态环境效应研究.环境科学学报，37（9）：3590-3601.
李晓文，方创琳，黄金川，等.2003.西北干旱区城市土地利用变化及其区域生态环境效应——以甘肃河西地区为例.第四纪地质，23（3）：280-292.
李晓雅，赵成章，曾红霞，等.2021.党河源区土地利用变化及其生态环境效应.生态学杂志，40（9）：2904-2913.
梁友嘉，刘丽珺.2018.生态系统服务与景观格局集成研究综述.生态学报，38（20）：7159-7167.
刘国，陈海莉，李慧燕.2014.土地利用/土地覆被变化研究综述.青海师范大学学报（哲学社会科学版），36（4）：4-9.
刘海燕，蒋慧，胡宝清.2020.广西西江流域土地利用变化的生态环境效应.南宁师范大学学报（自然科学版），37（1）：104-111.
刘世梁，安南南，尹艺洁，等.2017.广西滨海区域景观格局分析及土地利用变化预测.生态学报，37（18）：5915-5923.
刘耀林，何建华.2016.土地信息学.北京：科学出版社.
马庆申.2013.临沂市土地利用变化及其生态环境效应分析.南京：南京大学.
彭建，胡晓旭，赵明月，等.2017a.生态系统服务权衡研究进展：从认知到决策.地理学报，72（6）：960-973.

彭建，杨旸，谢盼，等.2017b. 基于生态系统服务供需的广东省绿地生态网络建设分区. 生态学报，37（13）：4562-4572.

齐学蕾.2020. 基于遥感与 GIS 的临淄区土地利用变化与生态环境效应研究. 济南：山东师范大学.

全斌.2010. 土地利用与土地覆被变化学导论. 北京：中国环境科学出版社.

史培军，宫鹏，李晓兵，等.2000. 土地利用/覆被变化研究的方法与实践. 北京：科学出版社.

史培军，李晓兵，王静爱，等.2009. 中国北方农牧交错带土地利用时空格局与优化模拟. 北京：科学出版社.

孙善良，张小平.2021. 陕西省土地利用转型时空演变及其生态环境效应分析. 水土保持研究，28（6）：356-364.

王丽，钱乐祥.2005. 土地利用和土地覆被变化模型方法综述. 河南大学学报（自然科学版），35（1）：52-57.

吴卓.2012. 丹东市土地利用景观格局及其生态环境效应分析. 首都师范大学学报（自然科学版），33（6）：15-20.

谢俊奇，郭旭东，李双成，等.2014. 土地生态学. 北京：科学出版社.

杨清可，段学军，王磊，等.2018. 基于"三生空间"的土地利用转型与生态环境效应：以长江三角洲核心区为例. 地理科学，38（1）：97-106.

杨述河，闫海利，郭丽英.2004. 北方农牧交错带土地利用变化及其生态环境效应——以陕北榆林市为例. 地理科学进展，23（6）：49-55.

臧淑英，冯仲科.2008. 资源型城市土地利用/土地覆被变化与景观动态——大庆市案例分析. 北京：科学出版社.

张远，金贤锋，张泽烈，等.2016. 地理设计理论、技术与实践. 北京：科学出版社.

郑新奇，付梅臣.2010. 景观格局空间分析技术及其应用. 北京：科学出版社.

朱鹤健.2018. 地理学思维与实践. 北京：科学出版社.

Liu H Q，Huete A R. 1995. A feedback based modification of the NDVI to minimize canopy background and atmospheric noise. IEEE Geoscience and Remote Sensing，33：457-465.

# 第3章 涪江流域土地利用与景观格局时空分异特征

对土地利用/覆被的数据的提取和挖掘以及相关信息库的建立，开展区域尺度下的长时间时空变化的土地利用监测，能及时快速地获取研究区内土地利用的相关信息，为研究区内的土地开发和区域内资源和环境的可持续发展提供宏观策略。

由于遥感技术和 GIS 技术的不断发展，数据源的多源化、多时相化、多尺度化，LUCC 监测以及动态变化研究变得更为系统、更为客观和准确。为了解和揭示涪江流域内的土地利用/覆被的空间分布格局和土地利用/覆被的动态变化特征，本章以遥感影像数据为基础研究数据，采用同一系列数据为数据源，每隔 5 年提取一期涪江流域内的土地利用/覆被信息，作为涪江流域 LUCC 时空特征研究的数据基础。

## 3.1 数据来源及处理

### 3.1.1 数据来源

本章数据主要以遥感数据为基础，基于 MODIS、Landsat 7/8 OLI、Sentinel 2 等遥感数据，参考《土地利用现状分类》（GB/T 21010—2017）构建遥感数据的土地利用分类，结合地学知识的人机交互解译方法，从而获得 2002 年、2007 年、2012 年、2017 年涪江流域分辨率为 500m 的土地利用现状的栅格数据。通过实地考察和谷歌地球对分类的结果进行校对和修改。基于以上数据，提取 2002～2007 年、2007～2012 年、2012～2017 年土地利用图斑，统计、分析 2002～2017 年涪江流域内土地利用变化的总体特征和不同土地类型的变化特征。

气象数据来自国家气象科学数据中心（http://data.cma.cn/）2002 年、2007 年、2012 年、2017 年的降水、气温、太阳辐射数据。

### 3.1.2 数据处理

1. 遥感数据的处理

首先，利用 ENVI 对 MODIS、Landsat 7/8 OLI、Sentinel 2 等数据进行几何校正、裁剪等处理，然后将数据重采样为 500m×500m 的栅格数据。其次，完成影像预处理后，根据不同土地利用类型的光谱特征和空间集合特征，参考实际的非遥感信息，选取不同土地利用类型的样本。再次，进行监督分类，对涪江流域内的 4 期遥感影像的土地利用类型进行分类。最后，根据实际调研情况和参考谷歌地球，对最终数据进行差错和修改，从而提高流域内土地分类的精度。

## 2. 气象数据的处理

对国家气象科学数据中心所提供的标准气象站点的月平均温度和月降水量资料，根据各气象站点的经纬度信息，利用 Anusplin 对气象数据做空间插值处理，获取与土地利用/覆被数据分辨率大小一致且投影相同的气象栅格数据。通过对栅格数据进行裁剪，得到涪江流域 2002 年、2007 年、2012 年和 2017 年四年的月平均温度和月降水量的栅格图像。

以上土地利用/覆被数据和气象数据为本章各节所需要的基础数据。其他具体数据来源及处理方法较多，详见各相关章节。

# 3.2　土地利用景观时序变化特征

利用 ArcGIS 对涪江流域内土地利用/覆被信息进行提取，得到 2002 年、2007 年、2012 年、2017 年 4 个时期的土地利用/覆被图（图 3-1）。从图 3-1 可以看出，涪江流域土地利用类型以农田、草地和林地为主。农田分布的面积最大，其次为草地和林地，而城镇用地和湿地分布区域最小。在涪江上游地区，土地利用类型以林地和草地为主。草地主要分布在涪江中游地区和上游的岷山山顶。涪江中游地区为山地向平原的过渡地带，该区域山地沟壑纵横，再加上人类活动的影响，森林植被覆盖相对较少，草地等低矮植被覆盖较多。上游的岷山山顶海拔较高，气候条件不利于乔木植被的生长，因此草地分布较为广泛。涪江源头雪宝顶附近，由于海拔较高基本处于雪线以上，气候条件较为恶劣，再加上该处常年有冰雪覆盖，环境极为不利于植被生长，因此基本无植被覆盖。流域内的林地多数分布于上游地区，该处为川西高原的岷山山系，受人为活动影响较小，且有国家级自然保护区，因此该处林地覆盖较好。涪江中下游土地利用类型以农田、草地交错分布为主要特征。中下游地区农田广泛分布，草地与农田交错分布。城镇用地分布于涪江中下游地区，主要沿涪江分布于涪江两岸，其中以绵阳市辖区——江油市和遂宁市城区城镇用地最大。湿地在涪江流域内零星分布。

## 3.2.1　土地利用程度

由表 3-1 可知，2002～2017 年，涪江流域内农田的利用程度最高，是流域内的主要土地利用类型。2002～2012 年，除草地、农田的利用程度有所波动外，其余土地利用类型的利用程度均呈现略微增加的趋势。但在 2017 年，除了湿地的利用程度无明显变化外，其余土地利用类型的利用程度出现了较大幅度的变化。其中，与 2012 年相比，林地的利用程度增加了 1.35 个百分点；农田的利用程度增加了 5.28 个百分点；而草地的利用程度则减少了 6.83 个百分点，说明草地以外的土地利用类型面积的增加，侵占了部分原有草地的面积。

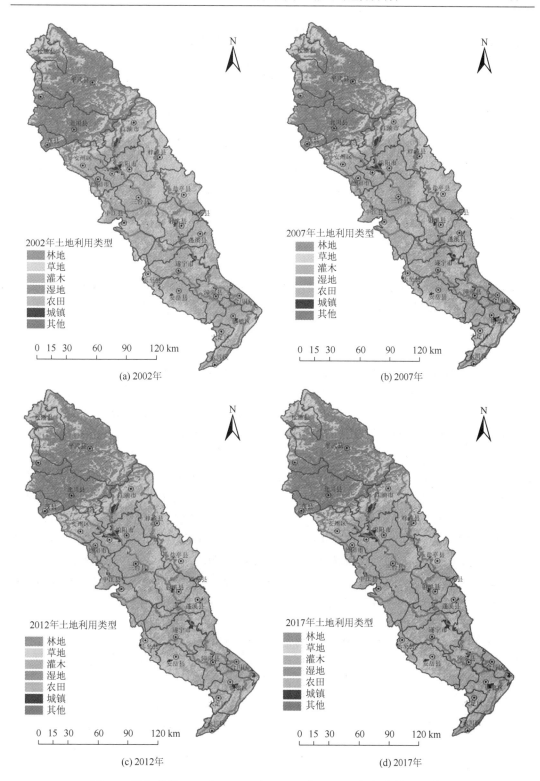

(a) 2002年

(b) 2007年

(c) 2012年

(d) 2017年

图 3-1　涪江流域 2002 年、2007 年、2012 年、2017 年土地利用/覆被图

图中为分析涉及地区，与涪江流域分布区不同，因涉及南部县的面积极少，故未标注

**表 3-1　2002～2017 年涪江流域土地利用程度**　　　　　　　（单位：%）

| 土地利用类型 | 2002 年 | 2007 年 | 2012 年 | 2017 年 |
| --- | --- | --- | --- | --- |
| 林地 | 23.56 | 23.60 | 23.66 | 25.01 |
| 草地 | 35.98 | 34.99 | 36.15 | 29.32 |
| 湿地 | 0.02 | 0.02 | 0.03 | 0.03 |
| 农田 | 38.93 | 39.55 | 38.22 | 43.50 |
| 城镇用地 | 0.99 | 1.34 | 1.46 | 1.57 |
| 土地利用率 | 99.47 | 99.49 | 99.52 | 99.43 |

## 3.2.2　土地利用变化幅度分析

由于涪江流域内各土地利用类型的面积分布差异较大，对面积的变化的数量直接进行分析不具备可比性，因此采用土地利用变化幅度这一指标对各土地利用类型的变化比例进行分析与对比。

通过对表 3-2 分析发现，2002～2017 年变化幅度最大的土地利用类型为城镇用地，为 58.56%；变化幅度最小的土地利用类型为林地，为 6.19%。草地在 15 年间呈现负增长趋势，减少了 18.51%。从各时间段和各土地利用类型来看，林地的变化幅度介于 0.19%～5.74%。2002～2007 年增加了 0.19%，2012～2017 年增加了 5.74%，说明流域内的林地得到了有效的保护和恢复。草地的变化幅度介于–18.89%～3.32%，其中 2012～2017 年草地的变化幅度最大且为负增长，为–18.89%。湿地的变化幅度介于–23.53%～90.46%，2007～2012 年增加了将近一倍。农田的变化幅度介于–3.34%～13.80%，2007～2012 年面积减少了 3.34%，2012～2017 年面积增加了 13.80%。城镇用地的变化幅度介于 7.40%～35.54%，2002～2007 年增加了 35.54%，2012～2017 年增加幅度最小，增加了 7.40%。因此，不同土地利用类型在不同时间段的变化幅度不同。2002～2007 年变化幅度最大的是城镇用地，主要是城镇化的推进，造成城镇用地面积不断增加。2007～2012 年变化幅度最大的是湿地，增加了 90.46%。2012～2017 年变化幅度最大的仍是湿地，减少了 23.53%，这是因为 2007～2017 年，特别是在 2010 年前后，该区域经历了西南大旱。

**表 3-2　2002～2017 年涪江流域土地利用变化幅度**　　　　　　　（单位：%）

| 土地利用/类型 | 2002～2007 年 | 2007～2012 年 | 2012～2017 年 | 2002～2017 年 |
| --- | --- | --- | --- | --- |
| 林地 | 0.19 | 0.24 | 5.74 | 6.19 |
| 草地 | –2.76 | 3.32 | –18.89 | –18.51 |
| 湿地 | –3.01 | 90.46 | –23.53 | 41.26 |
| 农田 | 1.59 | –3.34 | 13.80 | 11.74 |
| 城镇用地 | 35.54 | 8.93 | 7.40 | 58.56 |
| 其他用地 | –3.85 | –6.72 | 20.50 | 8.07 |

### 3.2.3　土地利用动态度

土地利用动态度是以抽象的定量化表述反映研究区内的土地利用类型的变化速率。与土地利用变化幅度不同的是，土地利用动态度反映的是土地利用变化的速率，而土地利用变化幅度表示的是土地利用的变化程度。

从表 3-3 可以看出，2002～2017 年除草地外各土地利用类型均呈现增长趋势，增长速率最高的是城镇用地，增长率为 3.90%/a；草地增长速率为负增长，增长率为-1.23%/a。其中，林地的动态度在 2002～2007 年和 2007～2012 年较小，在 2012～2017 年最大；草地的动态度在 2012～2017 年，为-3.78%/a；湿地的动态度在 2007～2012 年最大，为 18.09%/a；农田的动态度在 2012～2017 年最大，为 2.76%/a；城镇用地的动态度在 2002～2007 年最大，为 7.11%/a。林地、草地、农田的动态度在 2002～2007 年和 2007～2012 年处于较为稳定的状态，其中林地、农田在 2012～2017 年有所增加，这个可能与 2012～2017 年区域内的气候变化有关。

表 3-3　2002～2017 年涪江流域土地利用动态度　　　（单位：%/a）

| 土地类型 | 2002～2007 年 | 2007～2012 年 | 2012～2017 年 | 2002～2017 年 |
| --- | --- | --- | --- | --- |
| 林地 | 0.04 | 0.05 | 1.15 | 0.41 |
| 草地 | −0.55 | 0.66 | −3.78 | −1.23 |
| 湿地 | −0.60 | 18.09 | −4.71 | 2.75 |
| 农田 | 0.32 | −0.67 | 2.76 | 0.78 |
| 城镇用地 | 7.11 | 1.79 | 1.48 | 3.90 |
| 其他用地 | −0.77 | −1.34 | 4.10 | 0.54 |

### 3.2.4　土地利用转移矩阵

通过对表 3-4 分析发现，2002～2007 年，土地利用类型转出面积最大的是草地，2115.6km$^2$ 转移为草地以外的用地，转移比例为 16.21%；湿地有 43.66% 的面积转出，转出面积为 2.96km$^2$；城镇用地转出面积和比例最小，分别为 0km$^2$ 和 0%。其中，13.45% 的草地转移为农田，占草地转出面积的 82.96%。林地有 3.42% 转移为草地，占转出面积的 99.50%。因此，2002～2007 年涪江流域土地利用转移特征：以草地转为农田为主要特征，以林地和农田转为草地、城镇用地维持稳定几乎无土地利用类型的转出为次要特征。

通过对表 3-5 分析发现，2007～2012 年，土地利用类型转出面积最大的是农田和草地，转出面积分别为 1716.84km$^2$ 和 1677.76km$^2$，转移比例分别为 11.97% 和 13.22%；湿地有 32.07% 的面积转出，转出面积为 2.11km$^2$；城镇用地转移面积和比例最小，分别为 0km$^2$ 和 0%。11.77% 的农田转移为草地，占农田转出面积的 98.32%；9.74% 的草地转移为农田，占草地转出面积的 73.71%。因此，2007～2012 年涪江流域土地利用转移特征：以草地转为农田、农田转为草地为主要特征，以城镇用地维持稳定几乎无土地利用类型的转出为次要特征。

表 3-4　2002～2007 年涪江流域土地利用转移矩阵　　　（单位：km²）

| 土地利用类型 | 草地 | 城镇用地 | 林地 | 农田 | 其他用地 | 湿地 | 2002 年总计 |
|---|---|---|---|---|---|---|---|
| 草地 | 10936.70 | 35.09 | 309.35 | 1755.20 | 14.68 | 1.28 | 13052.3 |
| 城镇用地 | 0.00 | 358.91 | 0.00 | 0.00 | 0.00 | 0.00 | 358.91 |
| 林地 | 292.32 | 0.42 | 8250.74 | 0.85 | 0.00 | 0.21 | 8544.54 |
| 农田 | 1441.25 | 90.56 | 0.00 | 12588.35 | 0.21 | 0.43 | 14120.80 |
| 其他用地 | 19.93 | 0.85 | 0.00 | 0.00 | 169.33 | 0.84 | 190.95 |
| 湿地 | 1.26 | 0.64 | 0.42 | 0.64 | 0.00 | 3.82 | 6.78 |
| 2007 年总计 | 12691.46 | 486.47 | 8560.51 | 14345.04 | 184.22 | 6.58 | 36274.28 |

注：由于四舍五入等原因，表 3-4～表 3-7 中面积总计可能不一致；下同。

表 3-5　2007～2012 年涪江流域土地利用转移矩阵　　　（单位：km²）

| 土地利用类型 | 草地 | 城镇用地 | 林地 | 农田 | 其他用地 | 湿地 | 2007 年总计 |
|---|---|---|---|---|---|---|---|
| 草地 | 11013.70 | 18.90 | 410.83 | 1236.61 | 7.58 | 3.84 | 12691.46 |
| 城镇用地 | 0.00 | 486.47 | 0.00 | 0.00 | 0.00 | 0.00 | 486.47 |
| 林地 | 390.19 | 0.00 | 8167.57 | 0.00 | 1.06 | 1.69 | 8560.51 |
| 农田 | 1687.97 | 24.88 | 2.13 | 12628.20 | 1.01 | 0.85 | 14345.04 |
| 其他用地 | 20.13 | 0.00 | 8.81 | 2.01 | 151.59 | 1.68 | 184.22 |
| 湿地 | 0.84 | 0.64 | 0.42 | 0.21 | 0.00 | 4.47 | 6.58 |
| 2012 年总计 | 13112.83 | 530.89 | 8589.76 | 13867.03 | 161.24 | 12.53 | 36274.28 |

通过对表 3-6 分析发现，2012～2017 年，土地利用类型转出面积最大的是草地，转出面积为 3167.31km²，占 2012 年草地面积的 24.15%；湿地有 71.21% 的面积转出，但转出面积仅为 8.93km²；城镇用地转移面积和比例最小，分别为 0km² 和 0%。5.09% 的草地转移为林地，占草地转出面积的 21.06%；18.42% 的草地转移为农田，占草地转出面积的 76.25%。3.58% 的农田转移为草地，占农田转出面积的 98.19%。因此，2012～2017 年涪江流域内土地利用转移特征：以草地转为农田和林地为主要特征，以农田转移为草地、城镇用地维持稳定几乎无土地利用类型的转出为次要特征。

表 3-6　2012～2017 年涪江流域土地利用转移矩阵　　　（单位：km²）

| 土地利用类型 | 草地 | 城镇用地 | 林地 | 农田 | 其他用地 | 湿地 | 2012 年总计 |
|---|---|---|---|---|---|---|---|
| 草地 | 9945.62 | 30.87 | 667.03 | 2415.10 | 48.96 | 5.35 | 13112.93 |
| 城镇用地 | 0.00 | 529.89 | 0.00 | 0.00 | 0.00 | 0.00 | 529.89 |
| 林地 | 172.90 | 0.00 | 8406.71 | 2.34 | 0.00 | 0.00 | 8581.95 |
| 农田 | 496.82 | 8.32 | 0.00 | 13360.34 | 0.86 | 0.00 | 13866.34 |
| 其他用地 | 18.48 | 0.00 | 0.00 | 0.00 | 151.52 | 0.63 | 170.63 |
| 湿地 | 4.24 | 0.00 | 0.00 | 0.00 | 4.69 | 3.61 | 12.54 |
| 2017 年总计 | 10638.06 | 569.08 | 9073.74 | 15777.78 | 206.03 | 9.59 | 36274.28 |

通过对表 3-7 分析发现，2002～2017 年，土地利用类型转出面积最大的是草地，转出面积为 4624.86km$^2$，占 2002 年草地面积的 35.43%；其次为农田，转出面积为 1911.03km$^2$，占 2002 年农田面积的 13.53%；转出面积最小的为湿地（城镇用地除外），转出的面积为 5.52km$^2$，占 2002 年湿地面积的 83.89%。各土地利用类型转出面积占比排序：湿地＞草地＞其他用地＞农田＞林地＞城镇用地。其中，草地有 27.33% 的面积转移为农田，有 7.14% 的面积转移为林地，分别占转出面积的 77.14% 和 20.14%。林地有 4.69% 的面积转移为草地，占林地转出面积的 99.63%。12.50% 的农田转移为草地，1.02% 的农田转移为城镇用地，它们分别占农田转出面积的 92.33% 和 7.55%。其他用地主要转为草地、城镇用地和湿地。湿地主要转为草地、其他用地、农田和城镇用地。因此，在研究时间段内，涪江流域的土地利用类型的转移特征：草地主要转移为农田、林地和城镇用地，城镇用地在不断增加，林地主要转移为草地，农田主要转为草地和城镇用地。

表 3-7　2002～2017 年涪江流域土地利用转移矩阵　　　　（单位：km$^2$）

| 土地利用类型 | 草地 | 城镇用地 | 林地 | 农田 | 其他用地 | 湿地 | 2002 年总计 |
|---|---|---|---|---|---|---|---|
| 草地 | 8427.87 | 63.81 | 931.65 | 3567.59 | 55.60 | 6.21 | 13052.73 |
| 城镇用地 | 0.00 | 358.91 | 0.00 | 0.00 | 0.00 | 0.00 | 358.91 |
| 林地 | 400.95 | 0.42 | 8142.09 | 1.06 | 0.00 | 0.00 | 8544.52 |
| 农田 | 1764.44 | 144.21 | 0.00 | 12209.77 | 2.16 | 0.22 | 14120.80 |
| 其他用地 | 40.68 | 1.06 | 0.00 | 0.00 | 146.90 | 2.10 | 190.74 |
| 湿地 | 2.53 | 0.64 | 0.00 | 0.64 | 1.71 | 1.06 | 6.58 |
| 2017 年总计 | 10636.47 | 569.05 | 9073.74 | 15779.06 | 206.37 | 9.59 | 36274.28 |

### 3.2.5　土地利用综合动态度

土地利用综合动态度可反映研究区整体土地利用的变化速度。从图 3-2 可以看出，自 2002 年以来，涪江流域内综合土地利用变化速度呈波动变化。第一个时期（2002～2007 年），流域内的土地利用综合动态度为 1.09%；第二个时期（2007～2012 年），土地利用综合动态度有所下降，为 1.05%；第三个时期（2012～2017 年），土地利用综合动态度增加到 1.07%。整体来看，涪江流域 2002～2017 年的土地利用综合动态度为 1.93%，可见流域内以草地、林地、农田、城镇用地为主的土地利用类型间的相互转换较为剧烈。

### 3.2.6　分析结果

本节利用谷歌地球引擎（google earth engine，GEE）对 MODIS 产品的 MCD12Q1 数据集的土地利用/覆被数据进行处理和提取，将提取出的涪江流域的土地利用类型整合为林地、草地、湿地、农田、城镇用地和其他用地。再运用 ArcGIS 的空间分析功能，对土地利用/覆被的土地利用程度、土地利用变化幅度、土地利用动态度、土地利用转移矩阵以及土地利用综合动态度等指标进行分析，得出涪江流域土地利用/覆被的时空分布特点，具体如下。

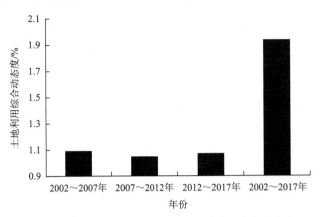

图 3-2　涪江流域 2002～2017 年土地利用综合动态度

　　土地利用程度能够反映人类活动对土地自然状态的改变程度。在涪江流域，农田的利用程度最高，在 38.22%～43.50%，草地次之，其利用程度在 29.32%～36.15%。林地、农田、城镇用地在研究时间段内总体呈现不断增加的趋势，林地的利用程度从 2002 年的 23.56% 增加到 2017 年的 25.01%；农田的利用程度从 2002 年的 38.93% 增加到 2017 年的 43.50%；城镇用地由 2002 年的 0.99% 增加到了 2017 年的 1.57%。草地的利用程度则总体呈现减少的趋势，在 2002 年时，草地的利用程度为 35.98%，到 2017 年时减少到了 29.32%，但在 2012 年时增加到 36.15%。

　　通过对涪江流域内土地利用变化幅度的分析，可以知道各土地利用类型在研究时间段内的增加或者减少的程度。除草地外的其余土地利用类型均呈现出不断增加的趋势，其中城镇用地增加幅度最大，湿地次之。与 2002 年相比，2017 年城镇用地面积增加幅度达到了 58.56%，湿地面积增加幅度达到了 41.26%。与 2002 年相比，2017 年草地面积减少了 18.51%。在不同的时间段内，各个土地利用类型的变化幅度有较大差异。2002～2007 年，城镇用地的增加幅度为 35.54%，草地、湿地、其他用地的变化幅度分别为–2.76%、–3.01%、–3.85%。2007～2012 年，湿地的增加幅度为 90.46%，农田、其他用地的变化幅度分别为–3.34%、–6.72%。2012～2017 年，其他用地的增加幅度最大，为 20.50%，草地、湿地的变化幅度分别为–18.89%、–23.53%。

　　通过对涪江流域土地利用动态度的分析，可以掌握每一种土地利用类型的增减的快慢。2002～2017 年，城镇用地的动态度为 3.90%/a，是涪江流域土地利用动态度最高的土地利用类型。湿地的动态度次之，为 2.75%/a。草地的动态度为–1.23%/a。

　　土地利用转移矩阵可以定量地表明不同土地利用类型之间的转化情况。2002～2017 年，涪江流域内 3567.59km² 草地转为农田，1764.44km² 农田转为草地，931.65km² 草地转为林地，400.95km² 林地转为草地，144.21km² 农田转为了城镇用地，63.81km² 草地转为城镇用地。

　　土地利用综合动态度反映的是各土地利用类型转入转出量总的变化速率，值的大小反映研究区各土地利用类型间转入转出的剧烈程度。涪江流域土地利用综合动态度在三个时间段内的差异较小，2002～2007 年为 1.09%，2007～2012 年为 1.05%，2012～2017 年为 1.07%。涪江流域 2002～2017 年的土地利用综合动态度为 1.93%。

通过对土地利用/覆被变化的各指标的分析，可知在涪江流域，各土地利用类型的变化有各自特点，且不同土地利用类型间的变化特点有较明显的差异。

## 3.3 土地利用景观格局时空分异特征

涪江流域土地利用景观格局具有明显的时空差异。流域内各土地利用景观类型在数量和空间分布上，随着时间推移，呈现出不同的变化规律。从图 3-1 可以看出，涪江流域土地利用景观格局呈现出以下基本规律。

### 3.3.1 土地利用景观格局总体特征

受到自然地理环境、社会经济条件的差异以及土地利用景观类型之间的相互作用的影响，涪江流域土地利用景观格局特征发生变化。通过对图 3-3 进行分析得出，涪江流域景观尺度下的景观格局指数在 2002~2017 年出现了不同的变化特征。

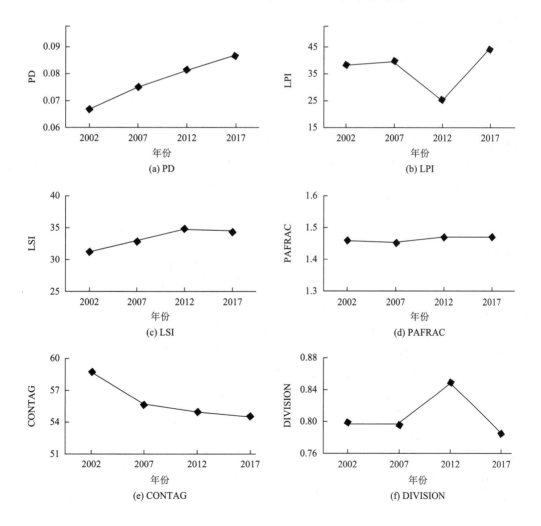

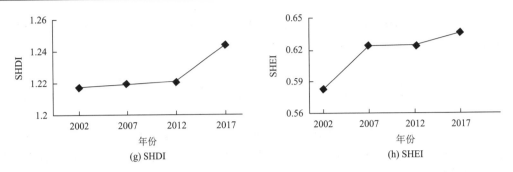

图 3-3　2002～2017 年涪江流域景观尺度下景观格局指数变化

斑块密度（PD）是反映土地利用景观格局中景观破碎程度的重要指标。2002 年、2007 年、2012 年和 2017 年 4 期数据的斑块密度平均值为 0.074。2002～2017 年斑块密度在不断增长，平均每 5 年增加 0.0053，说明在景观尺度下，涪江流域内的景观破碎程度不断增高。

最大斑块指数（LPI）是指土地利用景观中最大景观类型的面积占总景观面积的比例。涪江流域最大斑块指数 2002～2017 年平均值为 32.79，其在 2002～2007 年变化较为缓和，在 2007～2012 年呈减少趋势，在 2012～2017 年呈现增加趋势，说明涪江流域在研究时间段内有较大优势斑块，且受到人们的干扰越来越大。

形状指数（LSI）是斑块的边界密度的标准量度，其值越大说明景观中斑块形状越不规则。涪江流域在研究时间段内的形状指数整体呈较为稳定并略有增长的趋势，在 2002～2012 年小幅度上升，而在 2012～2017 年略微减少，说明在人类影响下，涪江流域景观类型变得较为复杂，之后又趋于简单规则化。

面积加权平均分维数（PAFRAC）越大说明斑块几何形状越复杂；涪江流域的面积加权平均分维数先减少后增加，但总体波动较小，说明研究区域内的几何形状结构变化较为稳定。

蔓延度指数（CONTAG）是指土地利用/景观里不同斑块类型的团聚程度，值越小说明分散的小斑块越多，涪江流域蔓延度指数在 2002～2017 年出现了较大幅度的下降，因此涪江流域的分散景观斑块在研究时间段内呈现不断增多的趋势。

离散指数（DIVISION）是指景观中的斑块个体在空间中的离散程度。离散指数越大，表明斑块越小，分布越分散。当值为 0 时，说明只有单一的一个斑块。涪江流域离散指数的变化说明研究区 2002～2007 年斑块的离散程度较为稳定，2007～2012 年斑块的离散程度增大，斑块分布较为分散，2012～2017 年斑块的离散程度降低，区域集聚。

香农多样性指数（SHDI）和均匀度指数（SHEI）总体不断增加，说明土地利用类型趋于丰富，景观斑块类型趋于均匀分布，区域多样性较大。

### 3.3.2　土地利用景观类型分异特征

涪江流域内分布最广泛的土地利用类型为草地，其是流域内最主要、最重要的土地利用类型，也是维持区域内生态系统稳定的自然基础。其次为农田，主要分布在涪江流域的中下游地区。林地也是流域内极为重要的土地利用类型。由于涪江流域的上游地处川西高原的东部，主要地貌类型为山地，且在涪江上游有自然保护区，因此林地集中分布在涪江流域的上游地区。城镇用地也是涪江流域内的另一极为重要的土地利用类型，在流域范围内也有较为广泛的分布，以沿涪江两岸（市区以及新区）分布最为密集，而其他地区的城镇用地分布则较为稀疏。其他用地和湿地是涪江流域内分布最少的土地利用类型。涪江流域内的景观斑块数量的排名为草地＞农田＞林地＞城镇用地＞其他用地＞湿地。

　　流域内的景观斑块数量增长率的排名为草地＞林地＞城镇用地＞湿地＞其他用地＞农田（图 3-4）；其增长率分别为草地 101.2%、林地 24%、城镇用地 5.2%、湿地 3.8%、其他用地 1.6%、农田–4.3%。草地是流域内分布最为广泛的土地利用类型，是维持区域内生态系统稳定的基础，且在 15 年当中总体处于不断增长的状态，说明流域内的生态系统处于稳定状态，且逐步向好发展。与人类活动密切相关的农田则出现了负增长，一方面说明流域内的退耕还林还草等工作有一定成效，另一方面说明流域内的城镇用地对农田不断的占用。

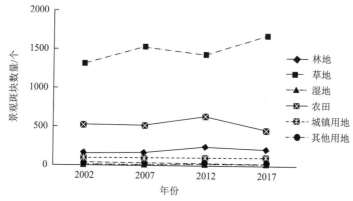

图 3-4　2002～2017 年涪江流域土地利用景观类型尺度下斑块数量变化特征

　　从各景观类型的斑块密度变化可以看出（图 3-5），2002～2007 年斑块密度指数排序为草地＞农田＞林地＞城镇用地＞其他用地＞湿地，各景观类型的斑块密度呈波动变化，总体较为稳定。2007～2017 年，斑块密度出现了较为明显的波动变化，其中 2007～2012 年草地、农田、林地的斑块密度都出现大幅度的减少，湿地的斑块密度出现大幅度增加，其他用地类型小幅度增加，说明在这段时间草地、农田、林地的景观破碎集聚程度有所减少，而湿地和其他用地则增大。2012 年，各景观类型的斑块密度排列为草地＞湿地＞其他用地＞城镇用地＞林地＞农田。

　　在景观类型尺度下，2002～2007 年最大斑块指数（图 3-6）排列：农田＞林地＞草地＞城镇用地＞其他用地＞湿地，农田的最大斑块指数呈现小幅度的增长趋势，林地与草地的最大斑块指数略微减少，其余景观类型最大斑块指数较为稳定。2007～2017 年，农田、草地的最大斑块指数出现了波动变化，农田的最大斑块指数在 2007～2012 年呈现大幅度的减少，在 2012～2017 年呈现大幅度的增加。草地的最大斑块指数在 2007～2012 年呈现大幅度的增加，在 2012～2017 年呈现大幅度的减少。

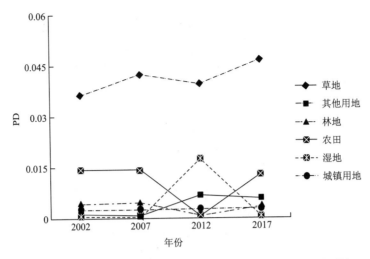

图 3-5　2002～2017 年涪江流域景观类型尺度下斑块密度变化特征

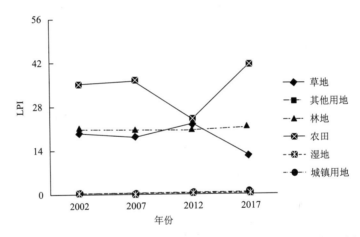

图 3-6　2002～2017 年涪江流域景观类型尺度下最大斑块指数变化特征

在景观类型尺度下，除草地形状指数不断增大（图 3-7），城镇用地形状指数较为稳定外，其余景观类型形状指数呈波动变化。2002～2007 年各景观类型形状指数较为稳定，排列为草地＞农田＞林地＞城镇用地＞其他用地＞湿地。2007～2017 年，各景观类型形状指数出现了波动变化，农田、林地的形状指数都出现大幅度的先减少再增加的趋势，湿地的形状指数呈现先增加再减少趋势，说明农田、林地的景观斑块形状由不规则转为较规则又转为不规则；而湿地和其他用地则由较规则转为不规则后又转为较规则。

在景观类型尺度下，草地面积加权平均分维数总体逐渐增大（图 3-8），城镇用地面积加权平均分维数在逐渐减小；农田、林地、其他用地、湿地的面积加权平均分维数波动较大。农田面积加权平均分维数在 2002～2007 年呈现增加趋势，在 2007～2017 年先减少后增加；林地面积加权平均分维数在 2002～2012 年呈现大幅度减少的趋势，在 2012～2017 年转为增加趋势；其他用地面积加权平均分维数在 2002～2007 年较为

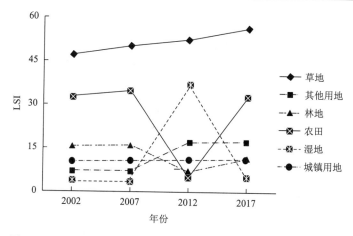

图 3-7　2002～2017 年涪江流域景观类型尺度下形状指数变化特征

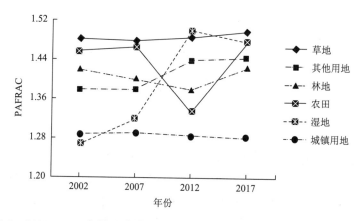

图 3-8　2002～2017 年涪江流域景观类型尺度下面积加权平均分维数变化特征

稳定，变化幅度较小，2007～2017 年呈现先大幅度增加趋势，后小幅度增加的趋势。湿地面积加权平均分维数在 2002～2012 年呈现大幅度增加的趋势，在 2012～2017 年呈现减少趋势。由于面积加权平均分维数是指斑块的自相似性，指数越大说明斑块几何形状越复杂，因此，草地、农田、其他用地、湿地的斑块几何形状越来越复杂。

离散指数是指景观中的斑块个体在空间中的离散程度。离散指数越大，表明斑块越小，分布越分散。当值为 0 时，说明只有单一的一个斑块。整体来看，除城镇用地的离散指数在 2002～2017 年呈现较为稳定的状态外，其余景观类型均有大幅度变化（图 3-9）。湿地和草地的离散指数在 2012 年时降到最低，之后呈现增加趋势；其他用地的离散指数在 2002～2007 年呈现较为稳定的状态，在 2007～2017 年呈现减少趋势，在 2017 年时值降为最低。林地的离散指数在 2007～2012 年呈现增加趋势。农田的离散指数在 2012 年增长到最大，在 2012～2017 年又转为减少趋势，在 2017 年时值为最小。这是因为在 2007 年之后气象因素限制了农作物的生长，造成农田面积在 2007～2012 年迅速减小且分布分散。

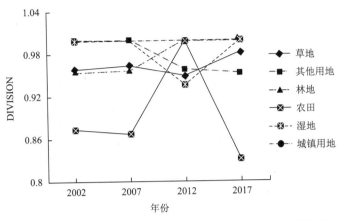

图 3-9　2002～2017 年涪江流域景观类型尺度下离散指数变化特征

### 3.3.3　分析结果

本节利用土地利用数据，从景观水平和景观类型水平两个角度运用 Fragstats 对涪江流域内土地利用景观格局时空分异特征进行分析，得出涪江流域土地利用的时空分布特点。

#### 1. 景观水平

在人类活动的影响下景观内的斑块密度变化较大，景观的破碎化程度增加。流域内的优势斑块整体呈增加趋势，但在 2012 年时出现波动降到最低点。形状指数和面积加权平均分维指数说明涪江流域内土地利用景观的形状结构变化较为稳定。蔓延度指数说明涪江流域内的分散景观斑块在研究时间段内总体呈现不断增多的趋势。离散指数总体减少，说明了景观斑块个体趋于变大，分布趋于聚集。香农多样性指数和均匀度指数说明涪江流域内各景观类型趋于复杂化、多样化，但在空间分布上的均匀程度有所增加。

#### 2. 景观类型水平

（1）从各景观类型斑块密度分布来看，涪江流域内草地的斑块密度最大；斑块密度变化最大的是农田和湿地。各景观类型斑块密度变化幅度最大的时间段是 2007～2017 年，其中在 2012 年，除草地以外的所有景观类型的斑块密度在这一年或是达到最高或是达到最低，说明在自然因素和人为因素的双重影响下各景观类型的破碎化程度波动变化明显。

（2）从各景观类型最大斑块指数分布来看，涪江流域内农田属于面积较大的优势斑块，其次为林地和草地。其中，以农田和草地的变化最为明显，农田在研究时间段内整体呈现不断增加的趋势，但在 2012 年时降到最低，与草地在 2012 年时的最大斑块指数几乎相同；草地在研究时间段内整体呈现减少趋势，在 2012 年时则达到最高。林地的最大斑块指数在研究时间段内的变化特征为稳中略有增加。

（3）从各景观类型形状指数分布来看，涪江流域草地形状指数最大，且在研究时间段内呈现持续增长。农田、湿地的形状指数呈现波动变化且变化幅度较为明显，说明草地的形状最为不规则，且继续向不规则方向发展，农田和湿地形状变化较多。

（4）从各景观类型面积加权平均分维数分布来看，草地的面积加权平均分维数最大，农田和湿地的变化幅度最大，说明草地的几何形状最为复杂，农田和湿地的几何形状变化最大。

（5）从各景观类型离散指数分布来看，城镇用地的离散指数最大且最为稳定，说明城镇用地的斑块较多且较分散。除城镇用地之外的其余景观类型都有很大程度的变化。其中，2002~2007 年和 2017 年农田的离散指数最小，说明农田的斑块数量较少，且最为集中。但在 2012 年，农田的离散指数达到最大，说明在自然和人类活动的影响下，农田的斑块变得分散。

# 参 考 文 献

摆万奇, 柏书琴. 1999. 土地利用和覆盖变化在全球变化研究中的地位与作用. 地域研究与开发, 17（4）: 13-16.

摆万奇, 阎建忠, 张镱锂. 2004. 大渡河上游地区土地利用/土地覆被变化及驱动力分析. 地理科学进展, 7（1）: 71-78.

陈晋, 何春阳, 史培军, 等. 2001. 基于变化向量分析的土地利用/覆盖变化动态监测（Ⅰ）——变化阈值的确定方法. 遥感学报, 15（4）: 259-266.

陈佑启, 何英彬. 2005. 论土地利用/覆盖变化研究中的尺度问题. 经济地理, 24（2）: 152-155.

陈佑启, Verburg P H. 2000. 中国土地利用/土地覆盖的多尺度空间分布特征分析. 地理科学, 19（3）: 197-202.

陈佑启, 杨鹏. 2001. 国际上土地利用/土地覆盖变化研究的新进展. 经济地理, 20（1）: 95-100.

冯春, 郭建宁, 闵祥军, 等. 2006. 土地利用/土地覆盖遥感变化检测方法新进展. 遥感信息, 20（3）: 81-85.

傅伯杰. 1995. 黄土区农业景观空间格局分析. 生态学报, 13（2）: 113-120.

何春阳, 史培军, 陈晋, 等. 2001. 北京地区土地利用/覆盖变化研究. 地理研究, 19（6）: 679-687.

何春阳, 史培军, 李景刚, 等. 2004. 中国北方未来土地利用变化情景模拟. 地理学报, 70（4）: 599-607.

贺秋华. 2011. 江苏滨海土地利用/覆盖变化及其生态环境效应研究. 南京: 南京师范大学.

蒋慧. 2017. 广西西江流域土地利用变化及其生态环境效应研究. 南宁: 广西师范学院.

李边疆. 2007. 土地利用与生态环境关系研究. 南京: 南京农业大学.

李秀彬. 1996. 全球环境变化研究的核心领域——土地利用/土地覆被变化的国际研究动向. 地理学报, 51（6）: 553-558.

刘纪远, 邓祥征. 2009. LUCC 时空过程研究的方法进展. 科学通报, 54（21）: 3251-3258.

刘纪远, 宁佳, 匡文慧, 等. 2018. 2010-2015 年中国土地利用变化的时空格局与新特征. 地理学报, 73（5）: 789-802.

彭建, 王仰麟, 张源, 等. 2006. 土地利用分类对景观格局指数的影响. 地理学报, 61（2）: 157-168.

齐伟, 曲衍波, 刘洪义, 等. 2009. 区域代表性景观格局指数筛选与土地利用分区. 中国土地科学, 23（1）: 33-37.

王秀兰, 包玉海. 1999. 土地利用动态变化研究方法探讨. 地理科学进展, 3（1）: 83-89.

王宗明, 宋开山, 刘殿伟, 等. 2007. 三江平原桦南县景观格局时序变化与驱动因素研究. 生态科学, 25（5）: 401-407.

魏建兵, 肖笃宁, 解伏菊. 2006. 人类活动对生态环境的影响评价与调控原则. 地理科学进展, 9（2）: 36-45.

吴琳娜, 杨胜天, 刘晓燕, 等. 2014. 1976 年以来北洛河流域土地利用变化对人类活动程度的响应. 地理学报, 69（1）: 54-63.

叶笃正, 符淙斌, 董文杰. 2002. 全球变化科学进展与未来趋势. 地球科学进展, 5（4）: 467-469.

张新荣, 刘林萍, 方石, 等. 2014. 土地利用、覆被变化（LUCC）与环境变化关系研究进展. 生态环境学报, 23（12）: 2013-2021.

张瑜. 2015. 新疆不同尺度土地利用/覆盖变化与驱动机制研究. 武汉: 华中农业大学.

# 第4章 涪江流域LUCC的生态环境效应

LUCC是人类活动的主导因素，在全球环境变化过程中占据着非常重要的地位。在未来的数十年中，LUCC对全球产生的影响，必要等于或大于气候变化所产生的影响（黄金良等，2004）。

LUCC研究计划的焦点就是土地利用变化引起的地表覆被变化对环境产生的影响（刘芳等，2019）。对生态系统的NPP的研究，一方面可以促进对全球碳循环机制的研究；另一方面，可以用于地表植被覆盖及其变化的研究（Luck and Wu，2002）。近年来，对LUCC对土壤的影响的研究，主要集中在农业对土壤的影响。研究表明土地利用/覆被的变化对土壤的影响加强，特别是农事活动的加强使得土壤可侵蚀性增强，土壤侵蚀加剧（Hargis et al.，1998）。生态环境质量是利用合适的方法，对一区域内的生态环境质量优劣程度以及影响作用做出客观的评价（Buyantuyev and Wu，2010）。它能够直接迅速反映区域内的生态环境质量现状及趋势。

本章从土壤、植被覆盖、生态环境质量三个指标分析涪江流域土地利用变化所产生的生态环境效应。

## 4.1 土地利用变化的植被NPP分析

植被通过光合作用产生的有机质的总量，减去植被自养呼吸所需的有机质即为植被净初级生产力（NPP），它是生态系统中其他生物赖以生存和繁衍的重要物质基础（刘硕，2006）。NPP能够体现植物群落在自然状态下的生长状况和生产能力，是估算地球支持能力和评价陆地生态系统可持续发展的重要生态指标（Olson and Wischmeier，1963）。本节在土地利用数据、气象数据、遥感数据等数据的基础之上，采用修正后的CASA模型（姚尧等，2012；杨阳等，2015；王莺等，2010）对涪江流域内的植被NPP进行定量估算，从而分析研究区内土地利用变化下植被NPP的变化特征。

### 4.1.1 植被NPP研究方法

1. 植被NPP估算方法

本节采用修正后的CASA模型，公式如下。

植被NPP由植物吸收的光合有效辐射（APAR）和实际光能利用率 $\varepsilon$ 决定，估算公式为

$$NPP(x,y) = APAR(x,t) \times \varepsilon(x,t) \tag{4-1}$$

式中，$APAR(x,t)$ 为 $x$ 像元在 $t$ 月的光合有效辐射，$MJ/(m^2 \cdot mon)$；$\varepsilon(x,t)$ 为 $x$ 像元在 $t$ 月的

真实光能利用率，gC/MJ。

光合有效辐射 APAR 的估算公式为

$$APAR(x,t) = SOL(x,t) \times FPAR(x,t) \times 0.5 \tag{4-2}$$

式中，$SOL(x,t)$ 为 $x$ 像元在 $t$ 月的太阳总辐射量，$MJ/(m^2 \cdot mon)$；$FPAR(x,t)$ 为 $x$ 像元在 $t$ 月的植被光合有效辐射的吸收比例；常数 0.5 为能被植被所吸收的太阳有效辐射占太阳总辐射的比例。

## 2. 数据来源

土地利用数据与第 2 章所用数据相同。气象数据来自于国家气象科学数据中心 2002 年、2007 年、2012 年、2017 年的气温、降水和太阳辐射数据。归一化植被指数（NDVI）为美国宇航局（National Aeronautics and Space Administration，NASA）MODIS 产品（https://lpdaac. usgs.gov/）的 2002 年、2007 年、2012 年和 2017 年的 MOD13A1 数据集。植被最大光利用率来自朱文泉等（2005a，2005b）。

## 3. 植被 NPP 估算过程

气象数据利用 Anusplin 软件进行插值，生成气象栅格数据。利用 GEE 对 MOD13A1 数据集中的 16 天 NDVI 数据进行波段提取、影像拼接、裁切并导出数据。

采用 ENVI 软件下的 IDL 语言编写的 CASA 模型程序进行运算，从而获得 2002 年、2007 年、2012 年和 2017 年涪江流域的年植被 NPP。最后利用 ArcGIS 的空间分析工具，对研究区域内土地利用变化下的植被 NPP 的空间分布格局、时间变化特征进行分析。

### 4.1.2　植被 NPP 空间分布特征

## 1. 空间分布特征

2002～2017 年，涪江流域年均植被 NPP 空间分布显示（图 4-1），年均植被 NPP 分布特征为南部低北部高，即涪江流域中下游地区的植被 NPP 较低，涪江流域上游地区的植被 NPP 较高。这样的分布特征主要是因为涪江下游为以平原为主要地貌类型的地区，受人类活动的影响较大，导致植被覆盖受不同程度的影响。而涪江流域上游地区主要是山地、有林地和草地，并且有我国划定的国家级自然保护区，植被有良好的生长环境，因此植被受人类活动的影响较小，使得该区域的植被 NPP 处于较高的水平。

利用改进后的 CASA 模型估算的涪江流域单位面积年均植被 NPP 为 341.76gC/(m²·a)，涪江流域植被 NPP 总量约为 1.22×10¹³gC/(m²·a)。其中，林地的单位面积年均植被 NPP 为 505.25gC/(m²·a)，NPP 总量为 4.31×10¹²gC/(m²·a)；草地的单位面积年均植被 NPP 为 304.24gC/(m²·a)，总量为 3.94×10¹²gC/(m²·a)；农田的单位面积年均植被 NPP 为 438.90gC/(m²·a)，总量为 3.89×10¹²gC/(m²·a)。湿地的单位面积年均植被 NPP 为

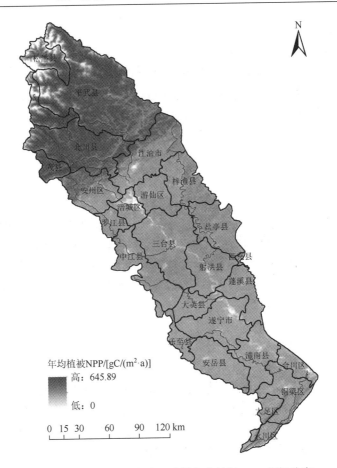

图 4-1 2002～2017 年涪江流域年均植被 NPP 空间分布

图中为分析涉及地区，与涪江流域分布区不同，因涉及南部县的面积极少，故未标注。下同

196.48gC/(m²·a)，总量不到 $1 \times 10^{10}$ gC/(m²·a)。由于其他用地多为裸地、冰雪覆盖或其他无植被生长的区域，因此其他用地的植被 NPP 不再统计。

## 2. 变化趋势

根据图 4-2，2002～2017 年，涪江流域的 NPP 呈现波动变化趋势，变化区间在 323.94～348.21gC/(m²·a)，从 2002 年的 347.51gC/(m²·a)增长到 2017 年的 348.21gC/(m²·a)。在 2002 年、2007 年、2017 年三个年份中，NPP 处于较为稳定的状态，但在 2012 年 NPP 出现较大波动，降到了最低为 323.94gC/(m²·a)，这可能是因为 2007～2012 年气候因素的限制，特别是降水量的减少对 NPP 产生了影响。涪江流域各土地利用类型 NPP 排序如下：其他用地＜湿地＜城镇用地＜农田＜草地＜林地。在四个年份中，草地、农田、城镇用地、其他用地 NPP 均在 2017 年时达到最大，林地 NPP 最大时是在 2007 年。林地、草地、城镇用地、其他用地 NPP 在 2012 年时最小，农田 NPP 最小是在 2007 年。草地、城镇用地 NPP 在 2002～2012 年的变化趋势为连续减小，草地自 2002 年的 305.53gC/(m²·a)，降到 2012 年的 293.19gC/(m²·a)。城镇用地自 2002 年的 180.48gC/(m²·a)降到 2012 年的
159.33gC/(m²·a)。2012～2017 年，草地 NPP 从 293.19gC/(m²·a)增长到 317.57gC/(m²·a)，
城镇用地 NPP 从 159.33gC/(m²·a)增长到 199.45gC/(m²·a)。农田 NPP 从 2002 年的
272.61gC/(m²·a)减少到 2007 年的 265.27gC/(m²·a)，2007～2017 年 NPP 为增长趋势，NPP
从 2007 年的 265.27gC/(m²·a)增长到 2017 年的 309.67gC/(m²·a)。林地 NPP 呈波动变化，
2002～2007 年为增长趋势，从 540.45gC/(m²·a)增长到 573.33gC/(m²·a)；2007～2012
年年为减少趋势，从 573.33gC/(m²·a)减少到 447.67gC/(m²·a)；2012～2017 年转为增长趋势，
从 447.67gC/(m²·a)增加到 463.34gC/(m²·a)。湿地 NPP 变化范围在 146.15～
162.31gC/(m²·a)，NPP 最高的年份在 2007 年。其他用地 NPP 变化范围在 20.12～
95.35gC/(m²·a)，说明流域内的土地利用类型对植被 NPP 的影响较为强烈，其中林地的
NPP 较高，对涪江流域 NPP 的贡献相对较高，但变化较大。

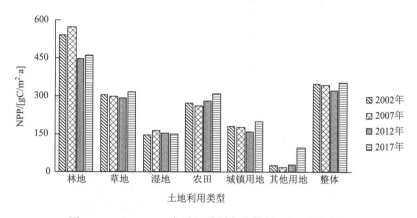

图 4-2　2002～2017 年涪江流域年均植被 NPP 分布变化

通过对 2002 年、2007 年、2012 年、2017 年四个时期的 NPP 分布情况进行斜率
计算，得到涪江流域 2002～2017 年 NPP 变化趋势（图 4-3）。其中，结果为正值时说
明 NPP 处于上升趋势，结果为负值时说明 NPP 处于减少趋势，值的绝对值大小则表
示了该区域 NPP 变化的速率。通过对图 4-3 的分析发现，在研究时间内涪江流域内
有 60.27%区域呈正增长的趋势，有 39.73%的区域呈负增长的趋势。从图 4-3 中不难
看出，负增长的区域多分布于涪江流域的上游，而涪江流域的中下游多为 NPP 增长
区域，涪江沿岸的城市群周围有零星区域 NPP 为负增长。这可能是中下游区域对生
态环境保护的力度加大，各种生态环境保护措施的实施促使了 NPP 的增长。上游地
区多为自然保护区，受人为因素干扰较小，因此在上游地区 NPP 的变化与自然气候
因素的变化有着密切联系，而 2007～2012 年降水量减少，这可能是上游地区 NPP 减
小的主要原因。

对四个时期各土地利用类型及流域整体的 NPP 进行斜率计算（表 4-1），得到各土地
利用类型及流域整体的 NPP 变化趋势，其中除林地为减少趋势外其他土地利用类型均为
增长。林地 NPP 变化斜率为-0.08；草地 NPP 变化斜率为 0.23；湿地 NPP 变化斜率为 0.28；
农田 NPP 变化斜率为 12.07；城镇用地 NPP 斜率为 8.74；其他用地 NPP 变化斜率为 0.14。

整体来看，涪江流域 NPP 呈小幅度减少的趋势，变化斜率为−0.12，说明在流域内对林地的保护应持续加强。

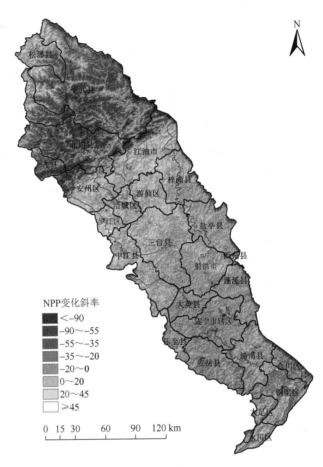

图 4-3　2002～2017 年涪江流域年均植被 NPP 变化趋势

**表 4-1　各土地利用类型及流域整体的 NPP 变化斜率**

| 土地利用类型 | 林地 | 草地 | 湿地 | 农田 | 城镇用地 | 其他用地 | 整体 |
|---|---|---|---|---|---|---|---|
| NPP 变化斜率 | −0.08 | 0.23 | 0.28 | 12.07 | 8.74 | 0.14 | −0.12 |

# 4.2　土地利用变化的土壤侵蚀量分析

## 4.2.1　土壤侵蚀定量评价研究方法

本节利用美国农业部在通用土壤流失方程基础之上，引入土壤过程概念后的修正的通用土壤流失方程（revised universal soil loss equation，RUSLE）对涪江流域的土壤侵蚀量进行估算。该模型已广泛应用于有关土壤侵蚀的研究中（朱文泉等，2005a，2005b，2007）。RUSLE 的方程公式为

$$A = R \times K \times L \times S \times C \times P \tag{4-3}$$

式中，$A$ 为年土壤侵蚀量模数，t/hm²；$R$ 为降雨侵蚀因子，(MJ·mm)/(hm²·h·a)；$K$ 为土壤可侵蚀性因子，(t·hm²·h)/(MJ·mm·hm²)；$L$ 为坡长因子；$S$ 为坡度因子；$P$ 为水土保持措施因子；$C$ 为植被覆盖与管理因子。坡长因子 $L$、坡度因子 $S$、植被覆盖与管理因子 $C$ 和水土保持措施因子 $P$ 均无量纲。

## 1. 降雨侵蚀因子

降雨侵蚀因子是指降雨对土壤剥离、搬运、侵蚀的动力，即降雨对土壤的侵蚀能力。降雨的侵蚀力与降水量、降雨强度、降雨时长、雨滴大小和雨滴下落速度有关。由于参与降雨侵蚀力估算的各项降雨参数难以直接测定，因此有许多学者提出替代模型，其中 1978 年 Wischmeier 和 Smith 提出的 EI 方法最具代表性，但是由于参与运算所需要的降雨数据难以得到，因此未能推广使用（朱文泉等，2006）。

1980 年 Arnoldus 等提出了通过修订 Fournierz 指数计算降雨侵蚀因子的公式，将降水量和降雨侵蚀因子之间建立了很好的关系，运算所需要的降雨数据也易于获得。公式如下：

$$F = \sum_{i=1}^{12} \frac{p_i^2}{P} \tag{4-4}$$

$F$ 与降雨侵蚀因子的关系公式为

$$R = 4.17 \times F - 152 \tag{4-5}$$

式中，$R$ 为降雨侵蚀因子；$p_i$ 为第 $i$ 月的月降水量；$P$ 为年降水量。

## 2. 土壤可蚀性因子

土壤可蚀性因子是指土壤对侵蚀的敏感性，它是影响土壤侵蚀量的重要因素之一。在降雨和其他条件同等的情况下，可侵蚀性越高，土壤越易遭受侵蚀，反之土壤越不容易遭受侵蚀（高海东等，2015）。一般地，土壤质地和土壤有机质含量影响着土壤可侵蚀性。1983 年，Williams 和 Renard 在 EPCI 模型中提出 $K$ 因子计算方法，根据土壤质地和土壤有机质含量计算 $K$ 因子的公式如下：

$$K = 0.2 + 0.3 \exp\left[-0.0256 S_d \times \left(1 - \frac{S_i}{100}\right)\right] \times \left[\frac{S_i}{C_i + S_i}\right]^{0.3} \times \left\{1 - \frac{0.25C}{C + \exp(3.72 - 2.95C)}\right\}$$

$$\times \left\{1 - \frac{0.7(1 - S_d)}{100\left[\frac{1 - S_d}{100} + \exp\left(-5.51 + \frac{22.9(1 - S_d)}{100}\right)\right]}\right\} \tag{4-6}$$

式中，$K$ 为土壤可侵蚀性因子；$S_d$ 为沙粒含量；$S_i$ 为粉粒含量；$C$ 为土壤有机质含量；$C_i$ 为黏粒含量。计算结果需乘常量 224.2，将英制单位转换为公制单位。

## 3. 坡长坡度因子

地形地貌是土壤侵蚀和水土保持措施布设的重要影响因素，坡长坡度因子越大，径流能量和径流量越大，其侵蚀作用越强（Wischmeier and Smith，1978）。本节采用标准化的 22.13m 坡长的坡长因数（朱文泉等，2006；周健民和沈仁芳，2013）。其公式为

$$L = (\lambda / 22.13)^m \tag{4-7}$$

式中，$\lambda$ 为坡长；$m$ 为坡长因子指数；$L$ 为统一到 22.13m 坡长的土壤侵蚀量即坡长因子。

式（4-7）中坡长因子指数 $m$ 的取值公式为

$$m = \begin{cases} 0.5 & S > 5\% \\ 0.4 & 3\% < S \leqslant 5\% \\ 0.3 & 1\% < S \leqslant 3\% \\ 0.2 & S \leqslant 1\% \end{cases} \tag{4-8}$$

式中，$S$ 为坡度比例；$m$ 为坡长因子指数。

坡度因子计算（Williams and Renard，1983；程琳等，2009）公式为

$$S = \begin{cases} 10.8 \times \sin\theta + 0.03 & \theta < 5° \\ 16.8 \times \sin\theta - 0.50 & 5° \leqslant \theta < 10° \\ 21.9 \times \sin\theta - 0.96 & 10° \leqslant \theta \end{cases} \tag{4-9}$$

式中，$\theta$ 为坡度；$S$ 为坡度因子。

## 4. 植被覆盖与管理因子

植被覆盖与管理因子是指在自然与人类活动的环境下，植被覆盖度的变化对土壤侵蚀的作用。其中，植被覆盖度公式为

$$FC = \frac{NDVI - NDVI_{soil}}{NDVI_{veg} - NDVI_{soil}} \tag{4-10}$$

式中，FC 为植被覆盖度；NDVI 为纯植被像元 NDVI 值；$NDVI_{soil}$ 为无植被覆盖区域 NDVI 值；$NDVI_{veg}$ 为植被完全覆盖区域的 NDVI 值。

植被覆盖与管理因子的取值公式为

$$C = \begin{cases} 1 & FC = 0\% \\ 0.6508 - 0.3436 \times \lg FC & 0\% < FC < 78.3\% \\ 0 & FC \geqslant 78.3\% \end{cases} \tag{4-11}$$

式中，$C$ 为植被覆盖与管理因子；FC 为植被覆盖度。

## 5. 水土保持措施因子

水土保持措施因子为土壤保持措施,是指在一定保持措施下的土壤流失量与未实施保持措施的土壤流失量之比。通过对区域内的地形和汇流方式的改变,降低径流速率,从而减轻对土壤的侵蚀作用,最终达到土壤保持的目的。

目前,国内对水土保持措施因子还缺乏统一的标准。一般根据不同土地利用类型进行赋值,$P$ 值变化于 0~1。0 值代表采取很好的水土保持措施,认为不发生侵蚀;而 1 值代表了未采取任何控制措施。介于天然植被区和坡耕地之间的 $P$ 值通常取为 1(Renard et al.,1997)。有林地、竹林地、灌木林地以及草地均认为没有采取相应的水土保持措施,$P$ 值设为 1(表 4-2)。借鉴袁志芬(2014)的研究,对研究区耕地的水土保持措施因子进行赋值(McCool et al.,1987)。

表 4-2　不同土地利用类型下水土保持措施因子 $P$ 的取值

| 土地利用类型 | 有林地 | 竹林地 | 灌木林地 | 耕地 | 草地 | 城镇用地 | 水域 | 其他用地 |
|---|---|---|---|---|---|---|---|---|
| $P$ 值 | 1 | 1 | 1 | 0.28 | 1 | 0 | 0 | 0 |

### 4.2.2　土壤侵蚀定量评价分析

本节利用 3S 技术结合修正的通用土壤流失方程,对涪江流域内土壤侵蚀情况进行估算和定量评价,并对流域内土壤侵蚀的分布特征和变化特征进行分析,从而了解土地利用/覆被的变化对土壤侵蚀的影响。估算 2002 年、2007 年、2012 年、2017 年四期土壤侵蚀量,参照《土壤侵蚀分类分级标准》(SL 190—2007)对估算的结果进行分级(表 4-3)。

表 4-3　土壤侵蚀分类等级

| 土壤侵蚀强度 | 土壤侵蚀模数/[t/(km²·a)] |
|---|---|
| 微度侵蚀 | <500 |
| 轻度侵蚀 | 500~2500 |
| 中度侵蚀 | 2500~5000 |
| 强度侵蚀 | 5000~8000 |
| 极强侵蚀 | 8000~15000 |
| 剧烈侵蚀 | ≥15000 |

### 1. 土壤侵蚀的空间分布特征

从涪江流域四期土壤侵蚀强度分级图(图 4-4)中可以看出,涪江流域内各级土壤侵蚀强度分级主要有以下特征。

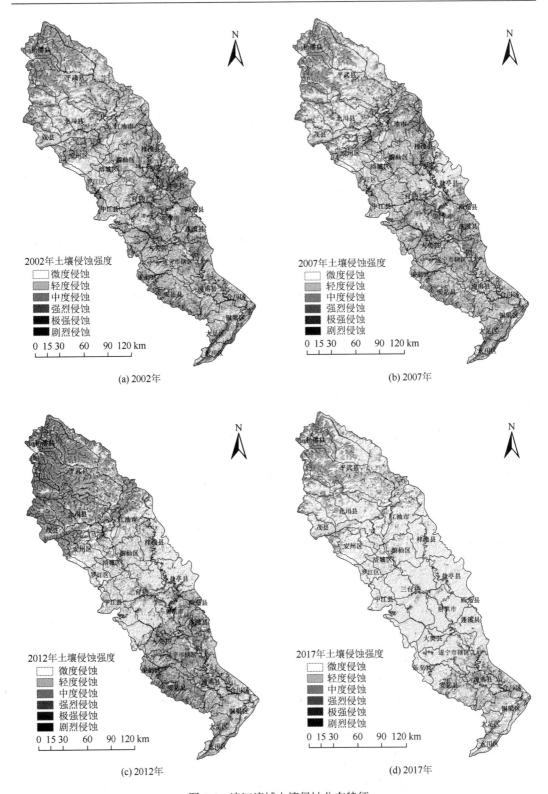

(a) 2002年　　　　　　　　　　　　　　　　(b) 2007年

(c) 2012年　　　　　　　　　　　　　　　　(d) 2017年

图 4-4　涪江流域土壤侵蚀分布特征

涪江流域内土壤侵蚀强度以微度侵蚀、轻度侵蚀为主在且流域内广泛分布，主要分布在涪江流域中下游的冲积平原的农耕用地、城镇乡村用地以及上游山区的河谷间平地、植被覆盖度较高的林地等区域。轻度侵蚀及轻度侵蚀以上的区域主要分布于山区植被覆盖较好的区域和城镇周边人口较为稠密的区域。极强侵蚀和剧烈侵蚀在流域内分布最少，极强侵蚀主要分布在流域内的山区耕地与河谷过渡地区，这些地区坡度陡峭且海拔差较大，加上人为的影响，极易造成集水区冲刷的情况；剧烈侵蚀主要分布在涪江源头雪宝顶、上游与中游过渡地带和下游的山区，这些区域或是地势陡峭的山脉地区或是海拔差较大的山区向平原区过渡带，沟壑纵横，地形支离破碎，再加上植被覆盖度较低，因此土壤极易被侵蚀和退化。

通过对涪江流域不同的土壤侵蚀强度等级面积进行统计，得到 2002～2017 年涪江流域土壤侵蚀强度等级面积占比统计图（图 4-5）。从图 4-5 不难看出，在 2002 年、2007 年和 2012 年三个时期，涪江流域内土壤侵蚀强度以微度侵蚀和轻度侵蚀为主。2002 年微度侵蚀区占总面积的 39.68%；轻度侵蚀区占总面积的 38.55%；2007 年微度侵蚀区占总面积的 42.38%，轻度侵蚀区占总面积的 35.37%；2012 年微度侵蚀区占总面积的 41.81%，轻度侵蚀区占总面积的 35.44%。到 2017 年，流域内土壤侵蚀强度转为以微度侵蚀为主，微度侵蚀区面积占到了流域总面积的 77.55%。四个时期内土壤侵蚀强度等级面积最少的就是剧烈侵蚀区和极强烈侵蚀区，2002 年剧烈侵蚀区和极强侵蚀区面积占比分别为 2.81% 和 2.40%；2007 年剧烈侵蚀区和极强侵蚀区面积占比分别为 2.75% 和 2.39%；2017 年剧烈侵蚀区和极强烈侵蚀区面积占比分别为 0.88% 和 0.86%。

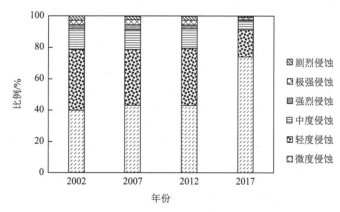

图 4-5　2002～2017 年涪江流域土壤侵蚀强度等级面积占比统计图

## 2. LUCC 的土壤侵蚀变化

土地利用类型的变化是土地植被覆盖的一个重要影响因素，土地利用类型的改变导致土地植被覆盖度和土壤性质的改变，从而影响到土壤侵蚀量的变化（师长兴，2008）。

利用 ArcGIS 的空间统计功能，对涪江流域内土壤侵蚀模数进行统计并得出涪江流域 2002 年、2007 年、2012 年、2017 年四个时期的土壤侵蚀总量和土壤侵蚀平均值（表 4-4）。从表 4-5 发现，涪江流域土壤侵蚀总量在研究时间段内总体呈波动减少的趋势，土壤侵蚀总量最高的年份在 2007 年，为 5.28 亿 t，2017 年，土壤侵蚀总量降到了 1.99 亿 t，为研究时间段内最低土壤侵蚀量。从土壤侵蚀平均值来看，2002 年、2007 年、2012 年的土壤侵蚀平均值较为接近，分别为 $3.4\times10^3$t/(km²·a)、$3.7\times10^3$t/(km²·a)、$3.4\times10^3$t/(km²·a)，2017 年，土壤侵蚀平均值同样降到了最低，为 $1.4\times10^3$t/(km²·a)。按土壤侵蚀强度等级来看，2002 年、2007 年、2012 年涪江流域土壤侵蚀强度属于中度侵蚀，2017 年涪江流域土壤侵蚀强度属于轻度侵蚀，说明 2012～2017 年涪江流域土壤侵蚀的情况有了极大的改善，这种改善主要来自于人类活动对土地的破坏减少、对植被的保护力度不断加大以及对易侵蚀地形地貌采取的防治措施。

表 4-4　涪江流域土壤侵蚀模数

| 年份 | 土壤侵蚀总量/亿 t | 土壤侵蚀平均值/[t/(km²·a)] |
|---|---|---|
| 2002 | 4.86 | $3.4\times10^3$ |
| 2007 | 5.28 | $3.7\times10^3$ |
| 2012 | 4.92 | $3.4\times10^3$ |
| 2017 | 1.99 | $1.4\times10^3$ |

通过对涪江流域内不同土地利用类型的土壤侵蚀量进行统计得出图 4-6。从图 4-6（a）可以看出，涪江流域内不同的土地利用类型的土壤侵蚀总量排序为草地＞农田＞林地＞城镇用地＞其他用地＞湿地。其中，林地和农田的土壤侵蚀总量变化较小，林地在 2002 年和 2007 年两个年份的土壤侵蚀总量均为 0.51 亿 t，2012 年，土壤侵蚀总量有了小幅度增加，增加到 0.93 亿 t，2017 年时下降到 0.3 亿 t。草地的土壤侵蚀量在研究时间段内整体呈下降趋势，但在 2002～2007 年从 3.5 亿 t 增加到 3.94 亿 t，呈小幅度增加的趋势，在 2007～2017 年则呈大幅度减少的趋势，自 2007 年的 3.94 亿 t 减少到 2017 年的 1.39 亿 t。农田的土壤侵蚀量在研究时间段整体呈减少趋势，2002 年和 2007 年土壤侵蚀总量均为 0.8 亿 t，2007～2017 年同样呈现减少的趋势，从 2007 年的 0.8 亿 t 减少到 2017 年的 0.23 亿 t。湿地和其他用地由于面积较小，其土壤侵蚀总量小于 0.01 亿 t。由此可知，涪江流域各土地利用类型的土壤侵蚀总量在研究时间段内总体呈不断减少的趋势，说明一方面流域内的植被覆盖和生态环境在不断提高和改善，另一方面涪江流域不同土地利用类型对土壤侵蚀的影响有较大的差异。

从图 4-6（b）土壤侵蚀平均值来看，涪江流域土壤侵蚀平均值较低的土地利用类型为林地、农田、城镇用地，同时这三种土地利用类型的土壤侵蚀平均值在研究时间段内的变化幅度也是最小的，林地土壤侵蚀平均值的变化范围在 $0.87\times10^3$～$2.73\times10^3$t/(km²·a)；农田土壤侵蚀平均值的变化范围在 $3.70\times10^2$～$1.49\times10^3$t/(km²·a)；城镇用地土壤侵蚀平均值的变化范围在 $1.03\times10^3$～$1.36\times10^3$t/(km²·a)。土壤侵蚀平均值较高的土地利用类型为草地、湿地和其他用地。草地土壤侵蚀平均值的变化范围在 $3.34\times10^3$～$7.94\times10^3$t/(km²·a)，湿地土壤侵蚀平均值的变化范围在 $1.51\times10^3$～$6.81\times10^3$t/(km²·a)，其他用地土壤侵蚀平均值的变化范围在 $0.61\times10^3$～$3.94\times10^3$t/(km²·a)。其中，土壤侵蚀平均值变化幅度最大的是湿地，达到了 $5.30\times10^3$t/(km²·a)；最小的是城镇用地，仅有 330t/(km²·a)，说明在流域内林地、农田、城镇用地能够对土壤侵蚀起到较好的限制作用。

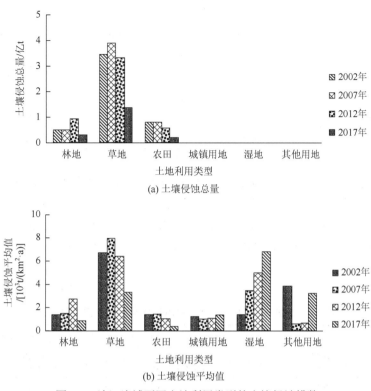

(a) 土壤侵蚀总量

(b) 土壤侵蚀平均值

图 4-6　涪江流域不同土地利用类型的土壤侵蚀模数

注：（a）中城镇用地、湿地与其他用地的土壤侵蚀总量较小，图中未体现。

从第 3 章土地利用转移矩阵中，选取每相邻两个时期以及 2002 年与 2017 年的土地利用变化量最多的前六个转换类型进行土壤侵蚀量的统计，得出涪江流域内主要土地利用转移类型的土壤侵蚀量（表 4-5～表 4-8）。表 4-5～表 4-8 中，MENA 表示该土地利用转移类型的土壤侵蚀量平均值，SUM 表示该土地利用转移类型的土壤侵蚀总量。

从表 4-5 可以看出，2002～2007 年草地转农田、林地转草地、农田转城镇用地、草地转城镇用地的土壤侵蚀平均值和土壤侵蚀总量均为减少；农田转草地、草地转林地的土壤侵蚀平均值和土壤侵蚀总量均增加。其中，土壤侵蚀平均值变化幅度最大的是草地转城镇用地，土壤侵蚀平均值减少了 $1.125×10^4 t/(km^2·a)$；土壤侵蚀总量变化幅度最大的是农田转草地，土壤侵蚀总量增加了 $2.58×10^7 t$。2002～2007 年土壤侵蚀总量增加最多的是农田转草地；土壤侵蚀总量减少最多的是草地转城镇用地。

表 4-5　2002～2007 年各土地利用转移类型土壤侵蚀量统计

| 土地利用转移类型 | 2002 年 | | 2007 年 | | 2002～2007 年变化量 | |
|---|---|---|---|---|---|---|
| | MEAN/<br>[$10^3$t/(km²·a)] | SUM/$10^7$t | MEAN/<br>[$10^3$t/(km²·a)] | SUM/$10^7$t | MEAN/<br>[$10^3$t/(km²·a)] | SUM/$10^7$t |
| 草地转农田 | 3.41 | 2.34 | 1.67 | 1.15 | −1.74 | −1.19 |
| 农田转草地 | 3.36 | 1.91 | 7.89 | 4.49 | 4.53 | 2.58 |
| 草地转林地 | 1.76 | 0.21 | 3.06 | 0.36 | 1.3 | 0.15 |

续表

| 土地利用转移类型 | 2002 年 | | 2007 年 | | 2002~2007 年变化量 | |
|---|---|---|---|---|---|---|
| | MEAN/<br>[$10^3$t/(km$^2$·a)] | SUM/$10^7$t | MEAN/<br>[$10^3$t/(km$^2$·a)] | SUM/$10^7$t | MEAN/<br>[$10^3$t/(km$^2$·a)] | SUM/$10^7$t |
| 林地转草地 | 2.91 | 0.34 | 2.45 | 0.28 | −0.46 | −0.06 |
| 农田转城镇用地 | 0.73 | 0.03 | 0.19 | 0.01 | −0.54 | −0.02 |
| 草地转城镇用地 | 12.13 | 1.76 | 0.88 | 0.01 | −11.25 | −1.75 |

从表4-6可以看出，2007~2012年草地转农田、农田转城镇用地、草地转城镇用地的土壤侵蚀平均值为减少；农田转草地、草地转林地、林地转草地的土壤侵蚀平均值为增加。其中，土壤侵蚀平均值变化幅度最大的是草地转城镇用地，平均值减少了$29.97 \times 10^3$ t/(km$^2$·a)；土壤侵蚀平均值变化幅度最大的是草地转农田，土壤侵蚀平均值增加了$6.57 \times 10^7$ t/(km$^2$·a)。

表4-6　2007~2012 年各土地利用转移类型土壤侵蚀量统计

| 土地利用转移类型 | 2007 年 | | 2012 年 | | 2007~2012 年变化量 | |
|---|---|---|---|---|---|---|
| | MEAN/<br>[$10^3$t/(km$^2$·a)] | SUM/$10^7$t | MEAN/<br>[$10^3$t/(km$^2$·a)] | SUM/$10^7$t | MEAN/<br>[$10^3$t/(km$^2$·a)] | SUM/$10^7$t |
| 农田转草地 | 2.17 | 1.43 | 4.43 | 2.93 | 2.26 | 1.50 |
| 草地转农田 | 5.11 | 2.5 | 1.86 | 9.07 | −3.25 | 6.57 |
| 草地转林地 | 2.12 | 0.34 | 3.02 | 4.87 | 0.9 | 4.53 |
| 林地转草地 | 2.45 | 0.38 | 2.72 | 4.19 | 0.27 | 3.81 |
| 农田转城镇用地 | 0.54 | 0.01 | 0.3 | 2.77 | −0.24 | 2.76 |
| 草地转城镇用地 | 37 | 0.29 | 7.03 | 5.48 | −29.97 | 5.19 |

从表4-7可以看出，2012~2017 年，所有土地利用转移类型的土壤侵蚀用地均减少。其中，土壤侵蚀平均值变化幅度最大的是草地转为其他用地，平均值减少了$2.88 \times 10^4$t/(km$^2$·a)；土壤侵蚀总量变化幅度最大的是草地转农田，土壤侵蚀总量减少了$2.76 \times 10^7$t/(km$^2$·a)。

表4-7　2012~2017 年各土地利用转移类型土壤侵蚀量统计

| 土地利用转移类型 | 2012 年 | | 2017 年 | | 2012~2017 年变化量 | |
|---|---|---|---|---|---|---|
| | MEAN/<br>[$10^3$t/(km$^2$·a)] | SUM/$10^7$t | MEAN/<br>[$10^3$t/(km$^2$·a)] | SUM/$10^7$t | MEAN/<br>[$10^3$t/(km$^2$·a)] | SUM/$10^7$t |
| 草地转农田 | 3.46 | 3.25 | 0.52 | 0.49 | −2.94 | −2.76 |
| 草地转林地 | 2.54 | 0.68 | 1.28 | 0.34 | −1.26 | −0.34 |
| 农田转草地 | 1.63 | 0.32 | 1.35 | 0.26 | −0.28 | −0.06 |
| 林地转草地 | 4.68 | 0.31 | 1.45 | 0.1 | −3.23 | −0.21 |
| 草地转其他用地 | 41.7 | 0.69 | 13 | 0.22 | −28.70 | −0.47 |
| 草地转城镇用地 | 19.9 | 0.24 | 15 | 0.18 | −4.90 | −0.06 |

从表 4-8 可以看出，在研究时间段内，涪江流域土地利用转移类型中草地转农田、草地转林地、林地转草地、农田转城镇用地、草地转城镇用地的土壤侵蚀平均值和土壤侵蚀总量均为减少；农田转草地的土壤侵蚀平均值和土壤侵蚀总量均增加。其中，土壤侵蚀平均值变化幅度最大的是草地转城镇用地，平均值减少了 $1.65 \times 10^4 t/(km^2 \cdot a)$；土壤侵蚀总量变化幅度最大的是草地转农田，土壤侵蚀总量减少了 $5.32 \times 10^7 t/(km^2 \cdot a)$。

表 4-8　2002～2017 年各土地利用转移类型土壤侵蚀量统计

| 土地利用转移类型 | 2002 年 | | 2017 年 | | 2002～2017 年变化量 | |
|---|---|---|---|---|---|---|
| | MEAN/ [$10^3 t/(km^2 \cdot a)$] | SUM/$10^7 t$ | MEAN/ [$10^3 t/(km^2 \cdot a)$] | SUM/$10^7 t$ | MEAN/ [$10^3 t/(km^2 \cdot a)$] | SUM/$10^7 t$ |
| 草地转农田 | 4.13 | 5.77 | 0.32 | 0.45 | −3.81 | −5.32 |
| 农田转草地 | 2.94 | 2.06 | 3.69 | 2.58 | 0.75 | 0.52 |
| 草地转林地 | 2.21 | 0.81 | 1.15 | 0.42 | −1.06 | −0.39 |
| 林地转草地 | 3.09 | 0.49 | 1.54 | 0.24 | −1.55 | −0.25 |
| 农田转城镇用地 | 1.02 | 0.06 | 0.2 | 0.01 | −0.82 | −0.05 |
| 草地转城镇用地 | 23.79 | 0.62 | 7.29 | 0.19 | −16.5 | −0.43 |

由表 4-5～表 4-8 不难发现，涪江流域在研究时间段内，草地的转入转出对土壤侵蚀量变化的影响最大。当草地转为除草地以外的其他土地类型时，土壤侵蚀量多呈减少的趋势；当其他土地类型转为草地时，土壤侵蚀量多呈增加的趋势。

# 4.3　自然生态环境质量

生态环境质量是利用合适的方法，对一区域内的生态环境质量优劣程度以及影响作用做出客观的评价（Buyantuyev and Wu，2010）。它能够直接反映区域内的生态环境质量现状。利用遥感和 GIS 技术提取生态环境评价指标，对区域内生态环境进行监测，能够及时有效地掌握区域内生态环境质量的优劣变化趋势，从而提高决策的质量（袁志芬，2014）。

## 4.3.1　自然生态环境质量监测研究方法

### 1. 研究方法

通过选择多个影响生态环境的指标，对各指标进行计算和归一化处理，最后利用综合指数模型计算出区域内生态环境质量指数。

自然生态环境质量监测模型公式如下：

$$E = W_1 \times S_{FC} + W_2 \times S_{GRABS} + W_3 \times S_{SLOP} \tag{4-12}$$

式中，$E$ 为生态环境综合评价指数；$S_{FC}$ 为植被覆盖度的归一化指数；$S_{GRABS}$ 为土壤指数的归一化指数；$S_{SLOP}$ 为坡度的归一化指数；$W_1$、$W_2$ 和 $W_3$ 为植被覆盖度、土壤指数和坡度的权重，分别为 0.7、0.2 和 0.1（高志强等，1998；王思梦和黄昌，2018）。

植被覆盖度公式见式（4-11）。

土壤指数公式为

$$GRABS = VI - 0.09178BI + 5.58959 \tag{4-13}$$

式中，VI 和 BI 分别为 K-T 转化过的绿度和土壤亮度。VI 和 BI 线性组合所形成的裸地植被指数能够很好地体现土壤的裸露现况（Gao et al.，2013）。VI 与 BI 可通过遥感数据进行转化得到。

## 2. 数据来源及处理

植被覆盖度是将 NDVI 带入像元二分模型，利用 GEE 对 NDVI 进行运算，得出涪江流域内的植被覆盖度。土壤指数是利用 GEE 对 MOD09A1 数据集中的波段进行 K-T 转化，得出绿度和土壤亮度，再将其带入土壤指数模型，得出土壤指数值。坡度由 DEM 数据提取生成。根据各指标量化分值，采用统一顺序，按照对生态环境的影响的大小，从高级到低级分为若干级，对环境质量贡献越大则编码越大。最后将各因子代入自然生态环境质量监测模型，得出涪江流域的自然生态环境质量结果。

### 4.3.2　自然生态环境质量结果

根据 4.3.1 节所述研究方法和数据得出涪江流域四个年份的自然生态环境质量等级（图 4-7）。自然生态环境质量分为四级，分别为优、良、中、差。优级是指生态系统结构合理、稳定，且生态系统的自身功能和自我修复能力很强，生态系统未遭到破坏；良级是指生态系统结构较为合理、稳定，且生态系统的自身功能和自我修复能力较强，生态系统基本未遭到破坏；中级是指生态系统结构基本处于合理、稳定的状态，生态系统的自身功能和自我修复能力一般，生态系统遭到轻微破坏；差级是指生态系统结构较为不合理、不稳定，且生态系统的自身功能和自我修复能力较弱，生态系统基本遭到破坏。为定量地对涪江流域内生态环境进行变化分析和对比，对图 4-7 按生态环境质量等级分布面积进行统计。

## 1. 涪江流域自然生态环境质量等级分布

从图 4-7 可以看出，涪江流域内自然生态环境质量等级主要为优和良，质量为优的区域主要分布在涪江上游的岷山山区，质量为良的区域分布在涪江流域的大部分区域。自然生态环境质量为差和中的区域分布较少，其中质量为差的区域主要分布在涪江沿岸的城市附近和涪江的发源地——岷山雪宝顶；质量为中的区域主要分布在涪江中下游沿岸的城市周围。

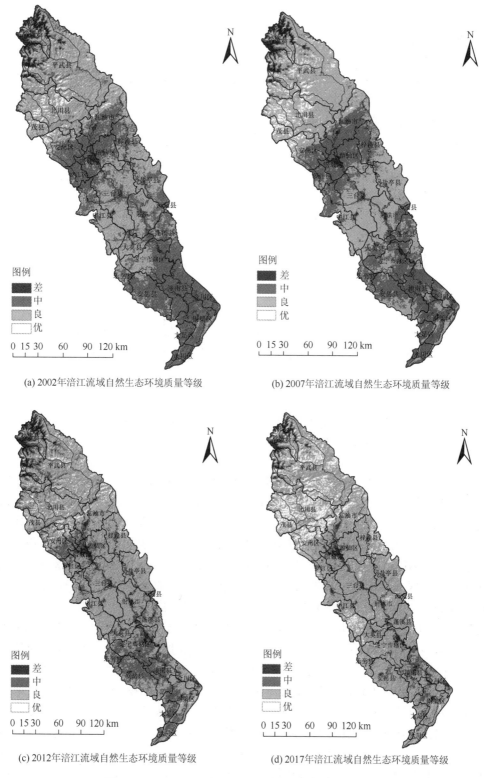

(a) 2002年涪江流域自然生态环境质量等级　　　　(b) 2007年涪江流域自然生态环境质量等级

(c) 2012年涪江流域自然生态环境质量等级　　　　(d) 2017年涪江流域自然生态环境质量等级

图 4-7　2002～2017 年涪江流域自然生态环境质量等级

## 2. 涪江流域自然生态环境质量各等级分布规模

利用各县（市、区）行政边界对涪江流域内自然生态环境质量各等级所占面积进行统计（图4-8）。从涪江流域整体来看，生态环境质量为良的区域面积最大，面积为 26854.75km²；其次为生态环境质量为优的区域，面积为 4940.75km²；生态环境质量为中的区域，面积为 3010.75km²；生态环境质量为差的区域面积最小，面积仅为 914.50km²。

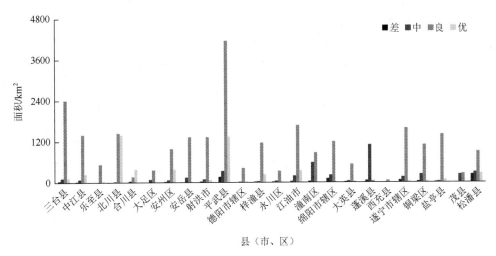

图 4-8　涪江流域县（市、区）自然生态环境质量各等级面积
部分县（市、区）涉及面积很小，因此没有将其列入到本研究当中

从各县（市、区）来看，生态环境质量为优的面积最大的是北川县，面积为1379.50km²；其次是平武县，面积为 1350.75km²。生态环境质量为优的面积最小的是西充县，面积不到 0.01km²。生态环境质量为优的各县（市、区）面积排名：北川县＞平武县＞安州区＞江油市＞松潘县＞茂县＞中江县＞梓潼县＞三台县＞盐亭县＞射洪市＞蓬溪县＞遂宁市辖区＞铜梁区＞大英县＞德阳市辖区＞乐至县＞绵阳市辖区＞永川区＞大足区＞安岳县＞合川区＞潼南区＞西充县。生态环境质量为良的面积最大的是平武县，面积为4165.00km²；生态环境质量为良的面积最小的是西充县，面积为 53.75km²。生态环境质量为良的各县（市、区）面积排名：平武县＞三台县＞江油市＞遂宁市辖区＞北川县＞盐亭县＞中江县＞射洪市＞安岳县＞绵阳市辖区＞梓潼县＞蓬溪县＞铜梁区＞安州区＞松潘县＞潼南区＞大英县＞乐至县＞德阳市辖区＞合川区＞大足区＞永川区＞茂县＞西充县。生态环境质量为中的面积最大的是潼南区，面积为573.75km²；生态环境质量为中的面积最小的是西充县，面积不到 0.001km²。生态环境质量为中的各县（市、区）面积排名：潼南区＞平武县＞松潘县＞铜梁区＞绵阳市辖区＞江油市＞合川区＞遂宁市辖区＞安岳县＞三台县＞射洪市＞大足区＞中江县＞安州区辖区＞蓬溪县＞大英县＞永川区＞梓潼县＞盐亭县＞德阳市辖区＞北川县＞乐至县＞茂县＞西充县。生态环境质量为差的面积最大的是松潘县，面积为 235.75km²；生态环境质量为差的面积最小的

是乐至县，面积不到 3.75km²。生态环境质量为差的各县（市、区）面积排名：松潘县＞平武县＞绵阳市辖区＞遂宁市辖区＞潼南区＞三台县＞江油市＞铜梁区＞合川区＞射洪市＞中江县＞盐亭县＞安州区＞梓潼县＞大英县＞永川区＞安岳县＞大足区＞德阳市辖区＞蓬溪县＞茂县＞北川县＞西充县＞乐至县。

根据涪江流域 2002～2017 年的生态环境质量分级统计，涪江流域生态环境质量总体呈现不断向好发展的趋势。从图 4-9 可以看出，2002～2017 年生态环境质量为中的区域占比在不断减少，自 2002 年的 43.49%，减少到 2017 年的 8.43%，平均每年减少 2.34 个百分点。生态环境质量为差的区域在 2002～2012 年占比较为稳定，在 3.32%～3.84%，到 2017 年生态环境质量为差的区域减少到 2.56%，15 年间平均每年减少 0.09 个百分点。生态环境质量为良的区域从 2002 年的 50.60% 增加到 2017 年的 75.18%，平均每年增加 1.64 个百分点。生态环境质量为优的区域从 2002 年的 2.07% 增加到了 2017 年的 13.83%，平均每年增加了 0.78 个百分点。

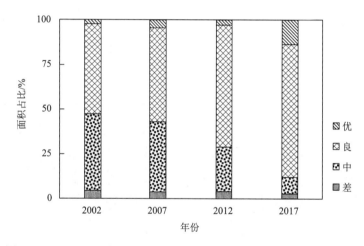

图 4-9　2002～2017 年涪江流域自然生态环境质量各等级面积占比变化

### 3. 涪江流域自然生态环境质量各等级时间变化

通过对涪江流域内各县（市、区）的生态环境质量各等级面积占比统计图（图 4-10）的分析可以发现以下四点。

（1）2002～2007 年，涪江流域各县（市、区）生态环境质量等级变化以中级面积比例减少、良级面积比例增加为主要特征。与 2002 年相比，2007 年中级面积比例减少的县（市、区）有 15 个，有 8 个县（市、区）的中级面积比例增加，其中合川区、盐亭县、德阳市辖区减少的中级面积比例较多，分别减少了 26.56 个百分点、26.52 个百分点、25.62 个百分点；乐至县、梓潼县增加的中级面积比例较多，分别增加了 14.08 个百分点、19.70 个百分点。与 2002 年相比，2007 年有 13 个县（市、区）的良级面积比例增加，其中以合川区、盐亭县、德阳市辖区、铜梁区良级面积比例增加最多，分别增加了 27.53 个百分点、26.52 个百分点、25.36 个百分点、20.43 个百分点。

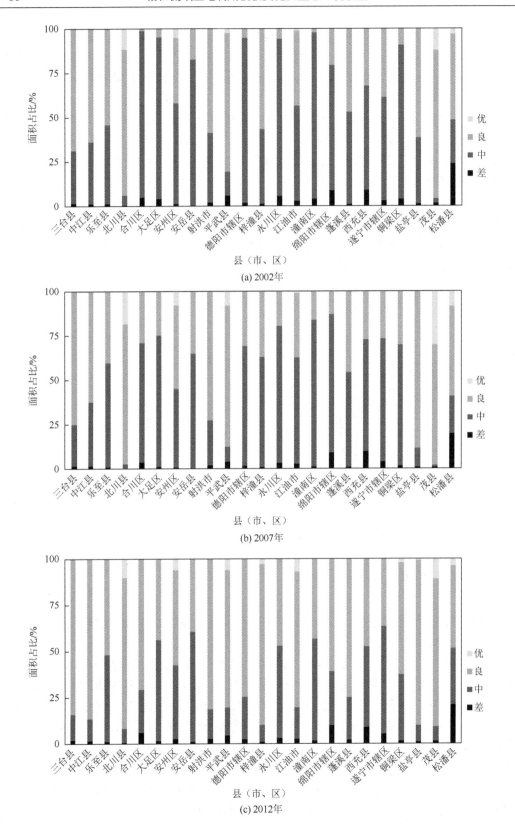

(a) 2002年

(b) 2007年

(c) 2012年

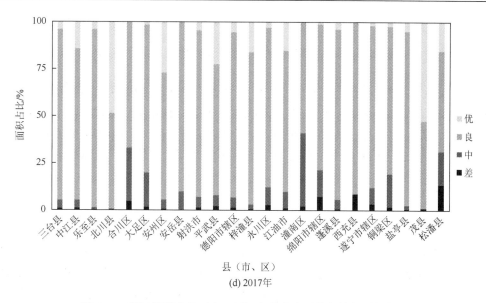

图 4-10 涪江流域各县（市、区）自然生态环境各等级面积占比

（2）2007～2012 年，涪江流域内各县（市、区）生态环境质量等级变化以中级面积比例减少、良级面积比例增加为主要特征。与 2007 年相比，2012 年中级面积比例减少的县（市、区）有 19 个，有 4 个县（市、区）的中级面积比例增加，其中，中级面积占比减少最多的为梓潼县、绵阳市辖区、德阳市辖区，分别减少了 52.53 个百分点、48.48个百分点、44.23 个百分点。良级面积占比增加最多的为梓潼县、绵阳市辖区、德阳市辖区，分别增加了 49.66 个百分点、47.92 个百分点、43.70 个百分点。

（3）2012～2017 年，涪江流域内各县（市、区）生态环境质量等级变化以差级和中级面积比例减少、优级面积比例增加为主要特征。差级面积占比减少的县（市、区）有18 个；中级面积占比减少的县（市、区）有 24 个；优级面积占比增加的县（市、区）有22 个。其中差级面积占比减少最多的是松潘县、射洪市、西充县，分别减少了 7.33 个百分点、2.41 个百分点、2.02 个百分点；中级面积占比减少最多的安岳县、遂宁市辖区、乐至县，分别减少了 49.76 个百分点、49.47 个百分点、45.86 个百分点；优级面积占比增加最多的为茂县、北川县、安州区，分别增加了 41.21 个百分点、38.20 个百分点、20.80 个百分点。

（4）2002～2017 年，涪江流域内各县（市、区）生态环境质量等级整体变化以良级和优级面积比例增加为主，其中优级面积比例增加最大的是茂县和北川县；良级面积比例增加最大的是德阳市辖区和永川区。中级和差级面积比例均为减少趋势。另外，值得注意的是，在 2002 年时仅有 6 个县（市、区）境内有一定面积的区域生态环境质量为优级，其他各县（市、区）境内均没有分布。而到 2017 年时已经有 23 个县（市、区）境内均有一定面积的区域生态环境质量为优级。与 2002 年相比，2017 年流域内茂县、北川县优级面积比例增加最大，分别增加 39.70 个百分点、36.42 个百分点，说明在涪江流域内大多数县（市、区）的自然生态环境的质量在不断改善。

# 4.4　分　析　结　果

基于 MODIS 和气象数据, 结合改进后的 CASA 模型、RUSLE 模型以及自然生态环境质量模型, 利用 ArcGIS 空间分析工具、GEE 平台, 分别从涪江流域内四个时期的植被 NPP、土壤侵蚀量、自然生态环境质量三方面分析了涪江流域土地利用/覆被变化下的生态环境效应, 得出涪江流域土地利用/覆被变化下的环境效应特点, 具体如下。

## 1. 植被 NPP

涪江流域内南部植被 NPP 低于北部, 即涪江中下游地区植被 NPP 较低, 上游地区植被 NPP 较高。各土地利用类型中, 林地 NPP 最大, 为 505.25gC/(m²·a), 湿地 NPP 最小, 为 196.48gC/(m²·a)。草地、农田、城镇用地和其他用地 NPP 均在 2017 年时达到最大, 林地 NPP 在 2007 年达到最大。涪江流域内有 60.27%区域呈正增长的趋势, 有 39.73% 的区域呈负增长的趋势, NPP 负增长区域多分布于涪江流域的上游, 而涪江流域的中下游多为 NPP 增长区域, 涪江沿岸的城市群周围有零星区域 NPP 为负增长。涪江流域 NPP 整体呈负增长的变化趋势, 其斜率为−0.12。各土地利用类型中, 湿地和农田 NPP 变化斜率最大, 均为 0.28。林地 NPP 变化斜率为负, 其斜率为−0.08。

## 2. 土壤侵蚀量

涪江流域土壤侵蚀强度以微度侵蚀、轻度侵蚀为主要特征, 微度侵蚀面积占研究区总面积的 39.68%～77.55%, 轻度侵蚀面积占比在 16.77%～38.55%, 主要分布在涪江流域中下游的冲积平原的农耕用地、城镇乡村用地以及上游山区的河谷间平地、植被覆盖度较高的林地等区域。极强侵蚀面积占比在 0.86%～2.51%, 剧烈侵蚀面积占比在 0.88%～2.81%。极强侵蚀主要分布在流域内的山区耕地与河谷过渡地区。剧烈侵蚀主要分布在涪江源头雪宝顶、上游与中游过渡地带和下游的山区。涪江流域内的土壤侵蚀情况逐年减轻, 由 2002 年的 $3.4 \times 10^3$t/(km²·a)减少到 2017 年的 $1.4 \times 10^3$t/(km²·a)。涪江流域内草地土壤侵蚀总量最多, 侵蚀总量在 1.39 亿～3.94 亿 t。湿地土壤侵蚀总量最少, 土壤侵蚀总量在研究时间段内不到 0.01 亿 t。在研究时间段内, 草地土壤侵蚀量平均值最大, 在 $3.34 \times 10^3$～$7.94 \times 10^3$t/(km²·a); 农田土壤侵蚀量平均值最小, 在 $3.70 \times 10^2$～$1.49 \times 10^3$t/(km²·a)。对土地利用转移类型的土壤侵蚀量的统计得出, 在研究时间段内, 农田转为草地时土壤侵蚀总量有所增加, 为 $5.2 \times 10^6$t, 平均值增加了 $7.5 \times 10^2$t/(km²·a)。草地转为农田时土壤侵蚀总量减少最多, 为−$5.32 \times 10^7$t; 草地转为城镇用地时土壤侵蚀平均值减少最多, 为−$1.65 \times 10^4$t/(km²·a)。

## 3. 自然生态环境质量

涪江流域内自然生态环境质量为良级的面积最多, 占总面积的 50.60%～75.18%。主

要分布在涪江上游山区和涪江中下游的大部分区域。中级面积次之，占总面积的 8.43%～
43.49%。优级面积的占比在 2.07%～13.83%。差级区域分布较少，占总面积比例的 2.56%～
3.84%，主要分布在涪江沿岸的城市附近和涪江的发源地岷山雪宝顶和涪江中下游沿岸的
城市周围。与 2002 年相比，2017 年差级面积和中级面积的占比分别减少了 1.28 个百分
点和 35.06 个百分点。良级面积和优级面积的占比分别增加了 24.58 个百分点和 11.76
个百分点。生态环境质量为优的各县（市、区）面积排名：北川县＞平武县＞安州
区＞江油市＞松潘县＞茂县＞中江县＞梓潼县＞三台县＞盐亭县＞射洪市＞蓬溪县＞遂
宁市辖区＞铜梁区＞大英县＞德阳市辖区＞乐至县＞绵阳市辖区＞永川区＞大足区＞
安岳县＞合川区＞潼南区＞西充县。涪江流域在研究时间段内生态环境质量总体呈现不
断向好发展的趋势。涪江流域内自然生态环境的质量在不断改善，而且大多数县（市、
区）的自然生态环境质量有了质的变化。

　　综上所述，2002～2017 年，研究区内植被 NPP 变化较小，较为稳定；土壤侵蚀整
体减少，生态环境质量整体向好的方向发展。

## 参 考 文 献

程琳，杨勤科，谢红霞，等.2009. 基于 GIS 和 CSLE 的陕西省土壤侵蚀定量评价方法研究. 水土保持学报，23（5）：61-66.

高海东，李占斌，李鹏，等.2015. 基于土壤侵蚀控制度的黄土高原水土流失治理潜力研究. 地理学报，70（9）：1503-1515.

高志强，刘纪远，庄大方.1998. 中国土地资源生态环境背景与利用程度的关系. 地理学报（S1）：36-43.

黄金良，洪华生，张路平，等.2004. 基于 GIS 和 USLE 的九龙江流域土壤侵蚀量预测研究. 水土保持学报（5）：75-79.

刘芳，熊伟，王彦辉，等.2019. 基于 LUCC 的泾河流域景观格局与径流的响应关系. 干旱区资源与环境，33（1）：137-142.

刘硕.2006. 土地利用/覆盖变化与生态安全研究. 北京：中国林业科学研究院.

师长兴.2008. 长江上游输沙尺度效应研究. 地理研究，27（4）：800-810.

王思梦，黄昌.2018. 基于遥感和 GIS 的流域自然生态环境质量监测与评价——以无定河流域为例. 干旱区地理，41（1）：
　　134-141.

王莺，夏文韬，梁天刚，等.2010. 基于 MODIS 植被指数的甘南草地净初级生产力时空变化研究. 草业学报，19（1）：
　　201-210.

杨阳，宋乃平，刘秉儒，等.2015. 农牧交错带土地利用格局演变研究进展. 环境工程，33（3）：158-162.

姚尧，王世新，周艺，等.2012. 生态环境状况指数模型在全国生态环境质量评价中的应用. 遥感信息，27（3）：93-98.

袁志芬.2014. 基于 InVEST 模型的四川省宝兴县生态系统服务功能动态评估. 湘潭：湖南科技大学.

查良松，邓国徽，谷家川.2015.1992-2013 年巢湖流域土壤侵蚀动态变化. 地理学报，70（11）：1708-1719.

周健民，沈仁芳.2013. 土壤学大辞典. 北京：科学出版社.

朱文泉，陈云浩，徐丹，等.2005a. 陆地植被净初级生产力计算模型研究进展. 生态学杂志（3）：296-300.

朱文泉，潘耀忠，何浩，等.2006. 中国典型植被最大光利用率模拟. 科学通报（6）：700-706.

朱文泉，潘耀忠，龙中华，等.2005b. 基于 GIS 和 RS 的区域陆地植被 NPP 估算——以中国内蒙古为例. 遥感学报（3）：
　　300-307.

朱文泉，潘耀忠，张锦水.2007. 中国陆地植被净初级生产力遥感估算. 植物生态学报（3）：413-424.

Buyantuyev A，Wu J. 2010. Urban heat islands and landscape heterogeneity: linking spatiotemporal variations in surface temperatures
　　to land-cover and socioeconomic patterns. Landscape Ecology，25（1）：17-33.

Gao X，Wang J，Cai X，et al. 2013. Study on soil erosion model under different slopes in southwest karst mountain area. Agricultural
　　Science & Technology，14（12）：1847.

Hargis C D，Bissonette J A，David J L. 1998. The behavior of landscape metrics commonly used in the study of habitat fragmentation.

Landscape Ecology，13（3）：167-186.

Liu B Y，Nearing M A，Risse L M. 1994. Slope gradient effects on soil loss for steep slopes. Transactions of ASAE，37（6）：1835-1840.

Luck M，Wu J. 2002. A gradient analysis of urban landscape pattern：a case study from the Phoenix metropolitan region，Arizona，USA. Landscape Ecology，17（4）：327-339.

McCool D K，Brown L C，Foster G R，et al. 1987. Revised slope steepness factor for the universal soil loss equation. Transactions of the Asae，30（5）：1387-1396.

Olson T C，Wischmeier W H. 1963. Soil erodibility evaluations for soils on the runoff and erosion stations. Soil Science Society of American Proceedings，27（5）：590-592.

Renard K G，Foster G R，Weesies G A，et al.1997. Predicting soil erosion by water：a guide to conservation planning with the revised universal soil loss equation（RUSLE）. Agriculture Handbook. Washington D C：United states Department of Agriculture.

Williams J R，Renard E P. 1983. EPIC：a new method for assessing erosion's effect on soil productivity. Journal of Soil and Water Conservation，5（38）：381-383.

Wischmeier W H，Smith D D. 1978. Predicing rainfall erosion losses：a guide to conservation planning. Washington D C：United States Department of Agriculture.

# 第 5 章　涪江流域 LUCC 驱动力分析

土地利用变化受自然和人类活动的双重影响，伴随社会经济的发展和人口的增加，人类对土地利用的影响增加。在涪江流域，人类活动对土地利用变化的影响远超过自然环境变化对其的影响。本章从自然、社会、经济三个维度出发，构建该流域土地利用变化的驱动力指标体系，以数量化的方法探讨各类因素对土地利用变化的影响。

## 5.1　研　究　方　法

### 5.1.1　土地利用转移矩阵

土地利用转移矩阵是马尔可夫模型在土地利用变化方面的应用。马尔可夫模型可以定量地表明不同土地利用类型之间的转化情况，揭示不同土地利用类型间的转移速率。

$$S_{ij} = \begin{cases} S_{11} & S_{12} & S_{13} & \cdots & S_{1n} \\ S_{21} & S_{22} & S_{23} & \cdots & S_{2n} \\ S_{31} & S_{32} & S_{33} & \cdots & S_{3n} \\ \vdots & \vdots & \vdots & & \vdots \\ S_{n1} & S_{n2} & S_{n3} & \cdots & S_{nn} \end{cases} \qquad (5\text{-}1)$$

式中，$S$ 为面积；$n$ 为土地利用类型数量；$i$、$j$ 为不同时间段的土地利用类型。

土地利用转移矩阵来源于系统分析中对系统状态与状态转移的定量描述。通常的土地利用转移矩阵中，行表示 $T_1$ 时的土地利用类型，列表示 $T_2$ 时的土地利用类型。土地利用转移矩阵可以表示不同时期土地利用类型间变化的数量，能够反映两个阶段的土地利用的变化。

### 5.1.2　驱动力指标体系构建

根据涪江流域的生态环境现状以及经济发展情况，参考同类文章的驱动力体系，结合涪江流域土地利用结构变化，遵循数据选取的科学性、可获取性、准确性、系统性、简明性等原则，从自然、社会、经济 3 方面选取了海拔、坡度、坡向、人口密度、人均 GDP、全社会固定资产投资、粮食产量、工业总产值、公共财政收入 9 个指标，指标涵盖了自然、社会、经济 3 方面，具有较强的覆盖性、代表性和主导性。其中，坡度、坡向运用 DEM 数据获取，人口密度、人均 GDP、全社会固定资产投资、粮食产量、工业总产值、公共财政收入等数据来源于中国县域统计年鉴，运用 ArcGIS 软件进行 IDW 空间插值，再对插值结果进行重分类处理。

### 5.1.3　IDW 空间插值

IDW 插值算法，也称为反距离加权重法，是最常用的空间插值方法之一，该方法由美国国家气象局在 1972 年提出，该法用周边相邻的采样点的值，估计未知点的值，以待插值点与实际观测样本点之间的距离为权重，离插值点越近的样本点被赋予的权重越大，其权重贡献与距离成反比。该方法是基于相近相似的原理：即两个物体离得越远，它们的性质相似性越小，反之，物体间离得越近则相似性越大（范玉洁等，2014）。其反距离加权计算公式如下：

$$Z(X_0) = \frac{\sum_{i=1}^{n} Z(X_i) \times W_i}{\sum_{i=1}^{n} W_i} \tag{5-2}$$

式中，$Z(X_0)$ 为待估计的 $X_0$ 点的属性值；$Z(X_i)$ 为 $X_0$ 点周围局部领域内第 $i$ 点 $X_i$ 的属性值；$n$ 为局部邻域内点的个数；$W_i$ 为 $X_i$ 点对于 $X_0$ 点的权值。

### 5.1.4　指标归一化处理

土地利用变化驱动力因子具有不同的量纲，因此需要对各指标数据进行归一化处理。不同的指标在评价中的作用不同，正向指标越高越好，负向指标越低越好，对不同的指标需采用不同的方法进行处理。正向指标采用式（5-3）进行归一化处理。

$$S_{ij} = \frac{x_{ij} - x_{j\min}}{x_{j\max} - x_{j\min}} \tag{5-3}$$

式中，$S_{ij}$ 为第 $i$ 个城市的第 $j$ 个指标的归一化值 $(i = 1,2,\cdots,n;\ j = 1,2,\cdots,m)$；$x_j$ 为第 $j$ 个指标的数据值。

负向指标采用式（5-4）进行归一化处理。

$$N_{ij} = 1 - \frac{x_{ij} - x_{j\min}}{x_{j\max} - x_{j\min}} \tag{5-4}$$

### 5.1.5　空间主成分分析

空间主成分分析是将输入的多波段数据变换到一个新的空间中，对原始空间轴进行旋转而形成新的多元属性空间（汤国安和杨昕，2012）。本章在 ArcGIS 软件平台利用 Spatial Analyst 的 Principal Components 工具实现，通过该工具能够得到每个主成分所对应的空间载荷图、各个成分的贡献率以及累计贡献率，将累计贡献率超过 90% 的主成分确定为有统计学意义的主成分（徐建华，2006）。

# 5.2　涪江流域土地利用变化及其驱动力定量分析

影响区域土地利用变化的驱动力主要是自然、社会、经济因素，这三种驱动因素都会使土地利用类型发生变化，稳定的自然条件对土地利用变化起制约作用，其主要是长期积累效应，在短时间内造成的影响很小；而变化的社会、经济因素则是导致土地利用景观产生变化的主要因素，在短时间内起着主导作用（张学渊等，2019；张红梅和甘元楠，2019；尼加提·伊米尔等，2019）。

涪江流域地处内陆，位于青藏高原与四川盆地的过渡地带，地理条件特殊，生态环境复杂，山地、丘陵、平原构成该流域地貌的主要特征。涪江流域地势起伏大，气候垂直差异明显，对土地利用格局造成很大的影响。由于涪江流域生态环境比较脆弱，且生长着诸多珍稀动植物，对涪江流域土地利用变化的社会驱动力进行分析有利于保护生物，维护当地生态环境，谋求人与自然和谐共生。因此，选择合适的驱动力因子，以数量化的方法探讨其对土地利用变化的影响。

## 5.2.1　涪江流域土地利用变化分析

### 1. 涪江流域土地利用总体格局

对 2001 年和 2018 年的 Landsat 7 ETM 影像进行校正拼接处理，然后运用 ENVI 软件进行监督分类处理，得到涪江流域 2001 年和 2018 年的土地利用现状图（图 5-1）。

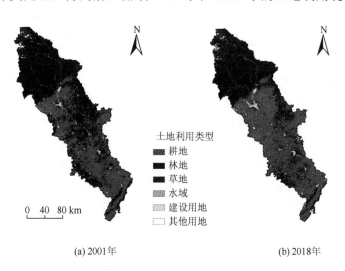

(a) 2001年　　　　　　　　　　　　(b) 2018年

图 5-1　涪江流域 2001 年和 2018 年土地利用现状图

通过对涪江流域 2001 年、2018 年的土地利用类型面积及其占比的统计分析，得到表 5-1，2001 年，林地面积为 21007.73km²，占比高达 57.71%，林地主要分布于江油—安州一线以北的涪江流域上游地区，中下游地区的东部的梓潼县、盐亭县大部分区域，以及中下游西部边缘地区也有零星分布；其次是耕地，耕地主要分布于江油—安州一线以南的涪江流域中下游地区，总面积 13098.23km²，占比 35.99%。草地零星分布于涪江流域北部边缘的松潘县境内，总面积 750.82km²，占比 2.06%。水域总面积 1137.78km²，占比 3.13%。建设用地面积小，主要分布于该流域区、县城镇所在地，总面积 255.05km²，占比 0.70%。其他用地总面积为 150.39km²，占比 0.41%。

表 5-1　涪江流域 2001～2018 年土地利用类型面积及其比例

| 土地利用类型 | 2001 年 | | 2018 年 | |
|---|---|---|---|---|
| | 面积/km² | 占比/% | 面积/km² | 占比/% |
| 耕地 | 13098.23 | 35.99 | 16424.71 | 45.12 |
| 林地 | 21007.73 | 57.71 | 17180.86 | 47.2 |
| 草地 | 750.82 | 2.06 | 833.75 | 2.29 |
| 水域 | 1137.78 | 3.13 | 1341.77 | 3.69 |
| 建设用地 | 255.05 | 0.70 | 486.77 | 1.34 |
| 其他用地 | 150.39 | 0.41 | 132.14 | 0.36 |
| 总面积 | 36400.00 | 100 | 36400 | 100 |

注：因遥感影响数据来源不同，表中涪江流域各土地利用类型面积与表 6-4 中不同。下同。

2018 年涪江流域林地面积大幅减少，总面积 17180.86km²，占比 47.20%，主要分布于江油—安州一线以北的涪江上游和中下游的东、西部边缘地带；耕地集中分布于江油—安州一线以南的涪江中下游地区，总面积 16424.71km²，占比 45.12%，耕地面积明显增多；草地主要分布于流域北部边缘地带，总面积 833.75km²，占比 2.29%；水域总面积 1341.77km²，占比 3.69%；建设用地总面积 486.77km²，占比 1.34%；其他用地总面积 132.14km²，占比 0.36%。

由表 5-1 可知，2001 年和 2018 年涪江流域各类土地利用面积由多到少分别为：林地>耕地>水域>草地>建设用地>其他用地，林地面积最高，其次是耕地，最少的是其他用地。2001 年涪江流域的土地利用类型以耕地和林地为主，耕地和林地总占比为 93.70%，面积高达 34105.96km²；2018 年土地利用类型仍以耕地和林地为主，总占比为 92.32%，面积为 33605.57km²。2018 年林地减少十分明显；而耕地和建设用地面积大幅提升。

根据 2001 年和 2018 年涪江流域土地利用类型面积的变化，利用 Excel 制作柱状图（图 5-2），充分利用柱状图的直观性来揭示面积演化的趋势。如图 5-2 所示，耕地、草地、建设用地、水域呈现增加趋势发展，而林地、其他用地则呈减少趋势发展。2001～2018 年，耕地由 13098.23km² 增加到 16424.71km²，草地由 750.82km² 增加到 833.75km²，水域由 1137.78km² 增加到 1341.77km²，建设用地由 255.05km² 增加到 486.77km²。2001～2018 年林地由 21007.73km² 减少到 17180.86km²，其他用地由 150.39km² 减少到 132.14km²。总体上看，涪江流域耕地和建设用地增幅较大，说明该流域受人口增长与经济发展的影响，耕地呈发展趋势。

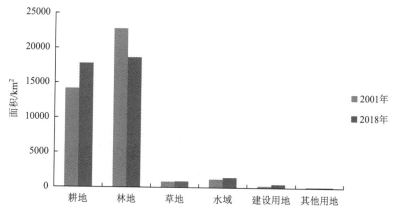

图 5-2　涪江流域 2001 年和 2018 年各土地利用类型面积的变化图

## 2. 土地利用空间图谱与转移矩阵

利用空间图谱与转移矩阵相结合的方法，综合分析土地利用的空间变化与数量变化，直观科学地反映涪江流域的土地利用差异与转变。

1）2001～2018 年土地利用空间图谱

利用 ArcGIS 制作土地利用空间图谱，根据土地利用空间图谱，揭示涪江流域 2001～2018 年土地利用类型空间变化状况，结果如图 5-3 所示。由图 5-3 可以看出，所有土地利用类型的转变情况：耕地、林地是主要的转换类型，其次是水域和建设用地。其他土地利用类型变化较小。大部分未转变的土地利用类型在图中均以白色进行表示。

2）2001～2018 年土地利用转移矩阵

表 5-2 是涪江流域 2001～2018 年土地利用转移矩阵。

（1）耕地转移分析。

从表 5-2 可以看出，2001～2018 年涪江流域耕地转出总量 2069.26km²，转入（新增耕地）总量 5395.74km²，转入耕地面积远远大于转出耕地面积，84.20% 的耕地保持不变。转出的主要流向是林地、水域、建设用地，少量转为草地、其他用地，转出量分别为林地 1561.70km²、水域 330.36km²、建设用地 170.96km²、草地 6.01km²、其他用地 0.23km²。新增耕地来源中，林地 5136.77km²，水域 237.49km²，建设用地 12.93km²，草地 8.55km²。

（2）林地转移分析。

2001～2018 年涪江流域林地转出总量 5913.01km²，转入（新增林地）总量 2086.14km²，转出林地面积大于转入林地面积，71.85% 的林地面积保持不变。转出量分别为耕地 5136.77km²、水域 477.06km²、草地 222.93km²、建设用地 73.00km²、其他用地 3.25km²。新增林地来源中，耕地 1561.70km²，水域 328.98km²，草地 170.49km²，建设用地 21.02km²，其他用地 3.95km²。

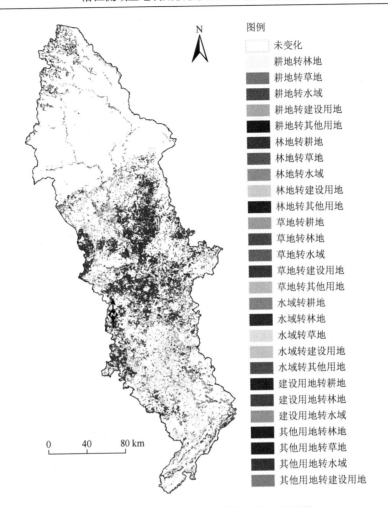

图例
未变化
耕地转林地
耕地转草地
耕地转水域
耕地转建设用地
耕地转其他用地
林地转耕地
林地转草地
林地转水域
林地转建设用地
林地转其他用地
草地转耕地
草地转林地
草地转水域
草地转建设用地
草地转其他用地
水域转耕地
水域转林地
水域转草地
水域转建设用地
水域转其他用地
建设用地转耕地
建设用地转林地
建设用地转水域
其他用地转林地
其他用地转草地
其他用地转水域
其他用地转建设用地

图 5-3　2001～2018 年土地利用变化空间图谱

表 5-2　涪江流域 2001～2018 年土地利用转移矩阵　　（单位：km²）

| 土地利用类型 | 耕地 | 林地 | 草地 | 水域 | 建设用地 | 其他用地 | 2001 年合计 |
|---|---|---|---|---|---|---|---|
| 耕地 | 11028.97 | 1561.70 | 6.01 | 330.36 | 170.96 | 0.23 | 13098.23 |
| 林地 | 5136.77 | 15094.72 | 222.93 | 477.06 | 73.00 | 3.25 | 21007.73 |
| 草地 | 8.55 | 170.49 | 531.12 | 6.93 | 1.38 | 32.35 | 750.82 |
| 水域 | 237.49 | 328.98 | 17.10 | 500.85 | 44.82 | 8.54 | 1137.78 |
| 建设用地 | 12.93 | 21.02 | 0.00 | 24.72 | 196.37 | 0.01 | 255.05 |
| 其他用地 | 0.00 | 3.95 | 56.59 | 1.85 | 0.24 | 87.76 | 150.39 |
| 2018 年合计 | 16424.71 | 17180.86 | 833.75 | 1341.77 | 486.77 | 132.14 | 36400.00 |

（3）草地转移分析。

2001～2018 年涪江流域草地转出总量 219.70km²，转入（新增草地）总量 302.63km²，转入草地面积大于转出草地面积，70.74%的草地面积保持不变。转出量分别为耕地 8.55km²、林地 170.49km²、水域 6.93km²、建设用地 1.38km²、其他用地 32.35km²。新增草地来源中，耕地 6.01km²，林地 222.93km²，水域 17.10km²，其他用地 56.59km²。

（4）水域转移分析。

2001～2018 年涪江流域水域转出总量为 636.93km²，转入（新增水域）总量为 840.92km²，转出水域面积小于转入水域面积，44.02%的水域面积保持不变。转出量分别为耕地 237.49km²、林地 328.98km²、草地 17.10km²、建设用地 44.82km²、其他用地 8.54km²。新增水域来源中，耕地 330.36km²，林地 477.06km²，草地 6.93km²，建设用地 24.72km²，其他用地 1.85km²。

（5）建设用地转移分析。

2001～2018 年涪江流域建设用地转出总量为 58.68km²，转入（新增建设用地）总量为 290.40km²，转出建设用地面积小于转入建设用地面积，76.99%的建设用地面积保持不变。转出量分别为耕地 12.93km²、林地 21.02km²、水域 24.72km²、其他用地 0.01km²。新增建设用地来源中，耕地 170.96km²，林地 73.00km²，草地 1.38km²，水域 44.82km²，其他用地 0.24km²。

（6）其他用地转移分析。

2001～2018 年涪江流域其他用地转出总量为 62.63km²，转入（新增其他用地）总量为 44.38km²，转入其他用地面积小于转出其他用地面积，58.35%的其他用地面积保持不变。转出量分别为林地 3.95km²、草地 56.59km²、水域 1.85km²、建设用地 0.24km²。新增建设用地来源中，耕地 0.23km²，林地 3.25km²，草地 32.35km²，水域 8.54km²，建设用地 0.01km²。

## 5.2.2　涪江流域土地利用变化驱动力分析

自然环境是土地利用类型的重要影响因素，包括地形地势、坡度、坡向、海拔、气候条件等因素。涪江流域地理位置特殊，位于青藏高原与四川盆地的过渡地带，地势起伏大，气候垂直差异明显，且属于长江上游地段，因此广泛分布着林地和耕地。

社会经济是影响土地利用变化的主要驱动因子。人口的多少会在很大程度上影响一个区域的土地利用类型，截至 2018 年底，流域户籍人口达 2749 万人，流域中下游人口密度较高，耕地和建设用地占比较大。伴随流域人口增多以及城镇化进程的加快，对居住、生活和工作场所产生的压力增大使得建设用地的面积扩张。

## 1. 土地利用变化驱动力指标分析

遵循数据选取的科学性、可获取性、准确性、系统性、简明性等原则，并参考同类文献的驱动力指标体系，结合涪江流域土地利用现状及其结构变化状况，选取了海拔、坡度、坡向、人口密度、人均 GDP、全社会固定资产投资、粮食产量、工业总产值、公

共财政收入 9 个驱动力指标。其中，坡度、坡向运用 DEM 数据提取；人口密度、人均
GDP、全社会固定资产投资、粮食产量、工业总产值、公共财政收入等数据来源于中国
县域统计年鉴，运用 ArcGIS 软件，通过 IDW 进行空间插值，获得自然、社会、经济数
据空间分布图。运用自然断点法对驱动力指标空间分布格局图进行重分类处理，得到驱
动力指标空间等级分布图（图 5-4）。

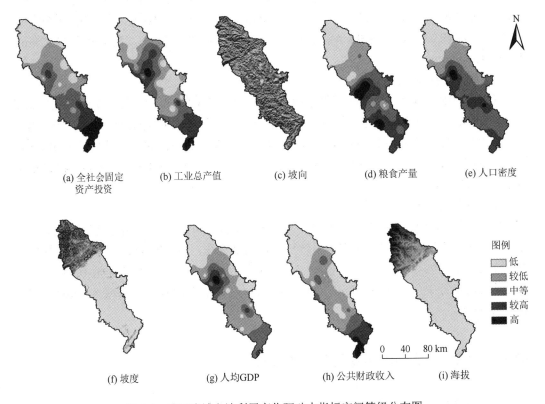

图 5-4　涪江流域土地利用变化驱动力指标空间等级分布图

　　从图 5-4 可以看出，全社会固定资产投资、工业总产值、粮食产量、人口密度、人均
GDP、公共财政收入等社会经济指标具有很强的空间分布一致性，均表现为中下游区域
指标高，而上游区域指标低，由此可见，人口密度高的区域，人类的社会经济活动强度
大，对土地利用类型的变化起着非常重要的推动作用。

　　由图 5-4 可知，海拔、坡度两个指标在空间分布上表现出一致性。上游区域海拔高、
坡度大，而中下游区域海拔低、坡度小。

## 2. 空间主成分分析

　　利用 ArcGIS 软件进行空间主成分分析计算，得到土地利用变化驱动力变量相关系数
矩阵、主成分分析特征根及主成分贡献率、主成分载荷矩阵（表 5-3～表 5-5）。

**表 5-3　土地利用变化驱动力变量相关系数矩阵**

| 变量 | 1 | 2 | 3 | 4 | 5 | 6 | 7 | 8 | 9 |
|---|---|---|---|---|---|---|---|---|---|
| 1 | 1.00 | 0.56 | 0.78 | 0.87 | 0.59 | 0.62 | −0.43 | −0.37 | 0.04 |
| 2 | 0.56 | 1.00 | 0.32 | 0.63 | 0.63 | 0.31 | −0.65 | −0.61 | 0.04 |
| 3 | 0.78 | 0.32 | 1.00 | 0.75 | 0.63 | 0.80 | −0.45 | −0.36 | 0.02 |
| 4 | 0.87 | 0.63 | 0.75 | 1.00 | 0.76 | 0.69 | −0.57 | −0.53 | 0.05 |
| 5 | 0.59 | 0.63 | 0.63 | 0.76 | 1.00 | 0.80 | −0.71 | −0.67 | 0.03 |
| 6 | 0.62 | 0.31 | 0.80 | 0.69 | 0.80 | 1.00 | −0.51 | −0.46 | 0.01 |
| 7 | −0.43 | −0.65 | −0.45 | −0.57 | −0.71 | −0.51 | 1.00 | 0.79 | 0.02 |
| 8 | −0.37 | −0.61 | −0.36 | −0.53 | −0.67 | −0.46 | 0.79 | 1.00 | 0.02 |
| 9 | 0.04 | 0.04 | 0.02 | 0.05 | 0.03 | 0.01 | 0.02 | 0.02 | 1.00 |

注：1：全社会固定资产投资，2：工业总产值，3：坡向，4：粮食产量，5：人口密度，6：坡度，7：人均 GDP，8：公共财政收入，9：海拔。下同。

**表 5-4　主成分分析特征根及主成分贡献率**

| 主成分 | 特征根 | 贡献率 | 累计贡献率 |
|---|---|---|---|
| 1 | 2.15 | 57.49 | 57.49 |
| 2 | 0.52 | 13.87 | 71.36 |
| 3 | 0.45 | 11.94 | 83.30 |
| 4 | 0.27 | 7.31 | 90.61 |
| 5 | 0.12 | 3.22 | 93.83 |
| 6 | 0.10 | 2.55 | 96.38 |
| 7 | 0.07 | 1.99 | 98.37 |
| 8 | 0.04 | 0.98 | 99.35 |
| 9 | 0.02 | 0.65 | 100.00 |

**表 5-5　主成分载荷矩阵**

| 变量 | 第一主成分 | 第二主成分 | 第三主成分 | 第四主成分 |
|---|---|---|---|---|
| 1 | 0.32 | −0.04 | 0.36 | −0.31 |
| 2 | −0.38 | 0.17 | 0.63 | 0.25 |
| 3 | 0.48 | −0.15 | −0.17 | −0.27 |
| 4 | 0.23 | −0.01 | 0.25 | −0.05 |
| 5 | −0.03 | 0.001 | −0.22 | 0.64 |
| 6 | 0.25 | −0.10 | −0.36 | 0.38 |
| 7 | 0.38 | −0.03 | 0.29 | 0.28 |
| 8 | 0.46 | −0.04 | 0.32 | 0.36 |
| 9 | 0.21 | 0.97 | −0.13 | −0.03 |

通过表 5-4 发现，第一、二、三、四主成分累计贡献率达到 90.61%；从表 5-5 可知，变量 1、3、4、6、7、8、9 与第一主成分具有较强的正相关性，2、5、9 与第二主成分具

有一定的正相关性，1、2、4、7、8 与第三主成分具有较强的正相关性，2、5、6、7、8 与第四主成分具有较强的正相关性，可以发现，影响涪江流域土地利用变化的主要是社会经济驱动力因子，涪江流域土地利用变化与区域社会经济关联性较高。

  图 5-5 是涪江流域全社会固定资产投资空间分布图，第一主成分全社会固定资产投资对区域土地利用变化的贡献最大，贡献率高达 57.49%。通过对涪江流域固定资产投资总额的分析发现，涪江流域上游、中游东部地区的年固定资产投资额较低，在 34.30 亿～141.39 亿元；中游大部分区域年固定资产投资额在 141.40 亿～273.67 亿元；下游地区年固定资产投资额最高，在 273.68 亿～837.46 亿元。经济的高速发展，改善了人们的生活水平，提高了人们的物质生活水平，促进了道路等基础设施的建设，大量的耕地、林地被占用，转化为了建设用地，以满足人们的住房需求。人们的精神文化水平也得到了提高，从而促进了各种娱乐设施、大型球场、公园的建设，改变了土地利用格局。因此，固定资产投资的高速增长，导致了大量林地和耕地不断转变成建设用地。所以，全社会固定资产投资的增加是土地利用类型转变的一个重要因素。

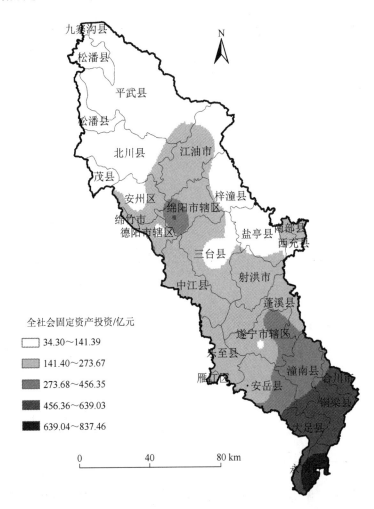

图 5-5 涪江流域全社会固定资产投资空间分布图

　　图 5-6 是涪江流域工业总产值空间分布图,第二主成分工业总产值对土地利用变化的贡献率为 13.87%。通过对 2014~2018 年的年平均工业总产值的空间分析发现,工业总产值较高的是涪江流域中的绵阳市辖区及下游重庆市辖区,其余大部分区域工业总产值均较低。具体看,九寨沟县、松潘县、北川县、平武县、盐亭县、三台县、射洪市、西充县、安居区等区域工业生产总值较低,年均总产值在 11.20 亿~179.15 亿元;江油市、游仙区、涪城区、绵竹市、旌阳区、船山区、合川区、铜梁区、大足、永川区等区县年工业生产总值较高,在 319.11 亿~1200.82 亿元。土地是各类经济活动发展的基础和根本保障,同时社会经济的发展导致各种土地利用类型面积的显著变化,工业的快速发展侵入周围的耕地、林地,改变城市周边的土地利用格局。总的来看,经济活动对土地资源的索取改变了土地分配,导致了研究区内各种土地利用类型的显著变化。

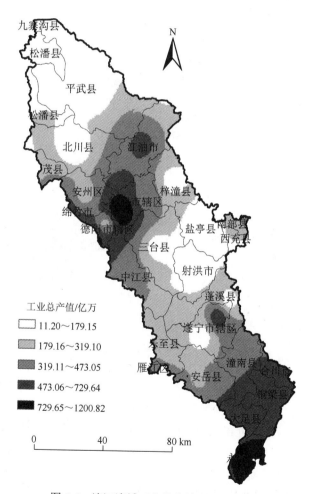

图 5-6　涪江流域工业总产值空间分布图

　　图 5-7 是涪江流域坡向空间分布图,第三主成分坡向对土地利用变化的贡献率为 11.94%。分析发现平地、正南坡向的土地占区域总面积的 13.77%,总面积为 5102.28km²;东南、西南朝向的土地占比为 28.12%,总面积为 10235.68km²;正东、正西朝向的土地占

比为 27.06%，总面积为 9849.84km²；东北、西北朝向的土地占比为 21.84%，总面积为 7949.76km²；正北朝向的土地占比 9.21%，总面积为 3352.44km²。不同的坡向造成对太阳辐射的吸收和降水等的不同，致使土地利用方式各异，所以形成了不同土地利用类型。

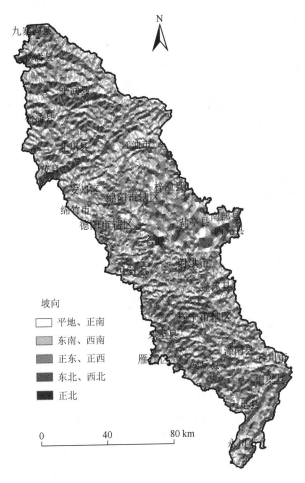

图 5-7　涪江流域坡向空间分布图

图 5-8 是涪江流域粮食产量空间分布图，第四个主成分粮食产量对土地利用变化的贡献率为 7.31%。粮食产量的高值区域在涪江流域中下游，存在中江-三台、安岳、合川三个高值区域，年粮食产量在 53.32 万～79.60 万 t，高值区域外围区域的年粮食产量亦较高，在 29.39 万～53.31 万 t；旌阳至梓潼一线以北区域粮食产量较低，在 4.27 万～29.38 万 t。土地作为人类的生活场所，为了满足人口增长的需要，人们往往通过改变土地利用形式来实现，所以导致各土地利用类型面积的变化。例如，人口的过快增长会导致人均土地面积减少，进而导致毁林开荒、过度开垦、乱砍滥伐等现象，致使其他土地利用类型向耕地的转换。所以，对粮食需求的增加是土地利用类型变化的一个主要驱动力。

　　涪江流域位于青藏高原与四川盆地的过渡地带，海拔高差大，土地利用空间差异大，生态环境脆弱，本章运用土地利用转移矩阵、空间主成分分析等方法对涪江流域

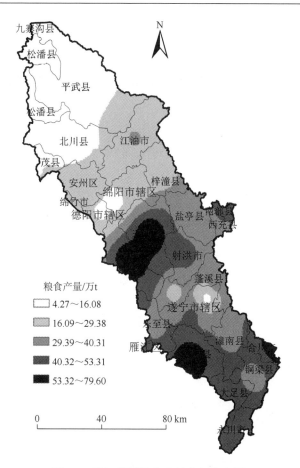

图 5-8　涪江流域粮食产量空间分布图

2001~2018 年的土地利用变化进行研究,发现涪江流域土地利用类型以林地和耕地为主。根据该流域自然环境特征和人类社会经济活动状况,参考前人文献,从自然、社会、经济三个维度构建该流域土地利用变化驱动因子指标体系,该指标体系具有很好的适宜性,分析发现社会、经济因素是影响该流域土地利用变化的主要驱动因子。认识涪江流域土地利用变化及驱动因子对促进该流域土地利用的合理规划与可持续发展具有一定的参考作用。

## 参 考 文 献

范玉洁, 余新晓, 张红霞. 2014. 降雨资料 Kriging 与 IDW 空间插值对比分析——以漓江流为例. 水文, 34 (6): 61-66.

尼加提·伊米尔, 满苏尔·沙比提, 玉苏甫·买买提, 等. 2019. 天山北坡精河绿洲土地利用/覆被时空变化及驱动力分析. 中国农业大学学报, 24 (10): 158-169.

汤国安, 杨昕. 2012. ARCGIS 地理信息系统空间分析实验教程. 北京: 科学出版社.

徐建华. 2006. 计量地理学. 北京: 高等教育出版社.

张红梅, 甘元楠. 2019. 南昌市近二十年土地利用空间格局演变特征及驱动力分析. 南昌工程学院学报, 38 (6): 81-84, 109.

张学渊, 魏伟, 颉斌斌, 等. 2019. 西北干旱区生态承载力监测及安全格局构建. 自然资源学报, 34 (11): 2389-2402.

# 第6章　涪江流域生态用地时空分异特征分析

## 6.1　数据来源及处理

### 6.1.1　数据来源

#### 1. 遥感影像数据

本研究所需要的遥感影像数据以 Landsat 8 OIL、Sentinel 2 等为主（下载网址：https://earthexplorer.usgs.gov/），空间分辨率分别为 30m、10m，利用 ENVI、ArcGIS 等软件，结合地学上的人机交互式解译方法，并结合前人学者的研究以及《土地利用现状分类》标准构建土地利用分类体系，获取 5 期土地利用分类数据，参考 The Degree Confluence Project 网站（http://confluence.org/index.php）关于涪江流域范围内整数经纬度所展示的地表覆盖类型以及选点进行实地考察验证。

#### 2. 矢量数据

本研究所需要的矢量数据主要涉及县级行政区划数据［来源于中国科学院资源环境科学与数据中心（http://www.resdc.cn/）］，以及居民点数据、工矿用地数据、河流数据等［来源于全国地理信息资源目录服务系统（https://www.webmap.cn/）］，数据用途详见表 6-1。

表 6-1　数据来源

| 数据类型 | 数据来源 | Q 数据用途 |
| --- | --- | --- |
| 全球地表覆盖数据 GlobeLand 30 | 来源于 GlobeLand30:全球地理信息公共产品 | 计算香农均匀度指数、蔓延度指数等 |
| DEM 数据 | 地理空间数据云 | 提取坡度和高程数据 |
| 土壤类型数据 | 中国科学院资源环境科学与数据中心 | 评估土壤抗侵蚀能力 |
| 居民点数据、工矿用地数据、河流数据 | 全国地理信息资源目录服务系统 | 计算距居民点、工矿用地、水体距离指数等 |

#### 3. 栅格数据

DEM 数据，来源于地理空间数据云（http://www.gscloud.cn），采用的是 ASTER GDEM V2 版，空间分辨率为 30m；全球地表覆盖数据 GlobeLand30，来源于 GlobeLand30:全球地理信息公共产品（http://www.globallandcover.com/），空间分辨率为 30m，数据

总体精度为 83.05%，kappa 系数为 0.78，满足本研究需求；土壤类型数据，来源于中国科学院资源环境科学与数据中心，空间分辨率为 1000m；降水和气温数据，来源于 WorldClim（https://www.worldclim.org/）。

## 4. 统计年鉴数据

本研究所需的经济和人口数据来源于 2001～2018 年中国县域经济统计年鉴。

### 6.1.2　数据处理

#### 1. 土地利用类型数据库

应用遥感影像进行信息提取前，需要进行影像数据预处理。由于美国地质调查局网站发布的遥感数据已经经过几何和地形校正，所以本研究只对遥感影像进行大气校正、坐标转换、影像裁剪 3 方面预处理。主要利用 ENVI 软件平台对下载的 Landsat 8 OLI 以及 Sentinel 2 等遥感影像数据进行预处理（邓书斌等，2014）。处理步骤如下。

1）大气校正

美国地质调查局网站下载的 Landsat 8 OIL、Sentinel 2 影像均已进行了系统辐射校正、地面控制点几何校正和 DEM 地形校正，通常可直接使用，但为了消除大气中水蒸气、氧气、二氧化碳、甲烷和臭氧等对地物反射的影响以及大气分子和气溶胶散射的影响，本研究应用 ENVI 分别对 Landsat 8 OLI 和 Sentinel 2 遥感影像进行大气校正。

Landsat 8 OLI 遥感影像大气校正步骤如下。

第 1 步，辐射定标。首先，利用 ENVI 辐射定标功能（landsat calibration）对遥感影像每个波段进行传感器定标；然后，通过波段组合功能（layer stacking）将定标后的单波段数据融合成多波段数据；最后，利用存储格式调整功能 Convert Data（BSQ，BIL，BIP）将其转化为大气校正模块能够识别的 BIL 多波段影像数据。

第 2 步，大气校正模块参数设置。首先，将遥感影像各波段波长按照规定格式存储为\*.txt 文件，在大气校正模块中打开第 1 步准备的辐射定标数据一并导入；然后，根据影像数据自带\*.txt 文件或\*.met 文件记录的相关参数和 DEM 数据，输入影像中央经纬度、传感器类型、地面平均海拔、拍摄日期和时间等相关数据信息；最后，在大气校正模块主界面中将大气模型选为 Mid-Latitude Summer、初始能见度设置为 40，将高光谱设置选项中 Ktupper_channel 设置为 Band7、Ktlower_channel 设置为 Band1，将高级设置选项中的 Tile Size 设置为 200MB，Use Adjacency 设置为 No。

第 3 步，执行 FLAASH 大气校正模块，即可得到整幅影像大气校正结果。

2）镶嵌裁剪

美国地质调查局网站提供的 Landsat 8 OIL 影像存档数据将全球分为 233 列、248 行，用户根据列号（path）、行号（row）下载得到的是研究区所在的整幅遥感影像（本研究区范围较广，需要多幅影像进行预处理之后进行镶嵌）。因此，通常需要依据研究区边界对下载的遥感影像进行裁剪。首先将研究区边界矢量数据坐标统一为 WGS84 坐标，然后运用掩膜功能从镶嵌之后的遥感数据上裁剪得到研究区范围。

处理流程如图 6-1 所示，经过预处理步骤之后，根据不同土地利用类型的光谱反射曲线的特征，利用监督分类法对研究区内 5 期土地利用类型进行提取，再根据其他的非遥感影像资料、实地选点验证的结果以及参考相应的分类标准体系，对最终的数据进行修正以及重分类处理，提高分类精度，最终得到涪江流域范围内的土地利用类型分类结果，分别为林地、耕地、草地、水域、建设用地以及其他用地。在此基础上，根据研究的需要再对土地利用类型进行细分，建立相应的数据库。

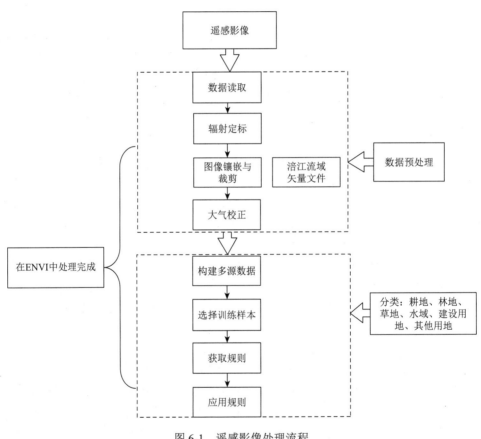

图 6-1　遥感影像处理流程

## 2. DEM 数据

DEM 数据主要用于提取亚流域、坡度、高程等地形因子以及海拔等级区间分类等。经镶嵌、裁剪等步骤之后，利用 ArcGIS 软件的空间分析工具实现。

## 3. 其他基础地理数据

居民点数据、工矿用地数据、河流数据等利用 ArcGIS 软件的距离计算、重分类、重采样等工具进行栅格化处理，统一栅格大小为 30m×30m。

# 6.2　研究方法

## 6.2.1　土地利用动态度

土地利用动态度是指在固定的一段时间内，土地利用类型的变化速率，可以较为直观地反映某种土地利用类型变化的差异性（吕毅轩，2018），按照研究的范围可以分为土地利用类型的数量变化、空间组合变化等，按照研究对象又可以分为单一土地利用动态度和综合土地利用动态度，测算方法如下。

### 1）生态用地数量和结构变化率

为了掌握不同时间段生态用地的变化情况，利用比较分析法对研究区不同时期不同生态用地类型的实际面积与基数面积之间的变化或差异进行比较，对其变化趋势进行分析，以此来了解生态用地的变化状态（韩学敏等，2010；郑红，2018）。表达式如下：

$$G_1 = L_b - L_a \tag{6-1}$$

$$G_2 = \frac{L_b - L_a}{L_a} \times 100\% \tag{6-2}$$

式中，$G_1$ 为研究区内某类型生态用地的面积变化值；$G_2$ 为研究区内某类型生态用地在研究时间段内的面积变化率；$L_a$ 为研究区某类型生态用地在研究时间段初期的面积值；$L_b$ 为研究区内某类型生态用地在研究时间段末期的面积值。

在本研究中，对不同生态用地类型的总面积变化情况进行分析，利用式（6-2）对不同生态用地类型的结构变化率特征进行分析。

### 2）单一土地利用动态度

选取单一土地利用动态度研究涪江流域的生态用地变化情况，其表达式为

$$G_3 = \frac{L_b - L_a}{L_a} \times \frac{1}{T} \times 100\% \tag{6-3}$$

式中，$G_3$ 为研究区内某类型生态用地的动态度；$L_a$ 为研究区内某类型生态用地在研究时间段初期的面积值；$L_b$ 为研究区内某类型生态用地在研究时间段末期的面积值；$T$ 为研究时间段的时间间隔数。

## 6.2.2　土地利用转移矩阵

土地利用转移矩阵可以用来表征区域土地利用类型的动态变化结构特征，其基于马

尔可夫模型确定转移的概率，揭示土地利用变化的方向以及数量，能够为土地利用空间分析和建模提供更加有用的信息（徐岚和赵羿，1993）。该方法来源于在系统分析中对系统状态以及状态转移的定量描述，借助土地利用转移矩阵，可以反映在一定的时间间隔下，一个较为稳定的系统从 $T$ 时间点向 $T+1$ 时间点的状态转移的过程，从而更为清晰地对研究区研究时间点初期各类土地利用类型的转出方向和末期各类土地利用类型的转入方向进行分析，从而更好地对土地利用格局的时空演变过程特征进行表述（刘瑞和朱道林，2010）。在矩阵中，行表示初期时间点（$T_1$）的土地利用类型，列表示末期时间点（$T_2$）的土地利用类型，如表 6-2 所示。

表 6-2　土地利用转移矩阵

| 类型 | | $T_2$ | | | | $S_{i+}$ |
| --- | --- | --- | --- | --- | --- | --- |
| | | $S_1$ | $S_2$ | … | $S_n$ | |
| $T_1$ | $S_1$ | $S_{11}$ | $S_{12}$ | … | $S_{1n}$ | $S_{1+}$ |
| | $S_2$ | $S_{21}$ | $S_{22}$ | … | $S_{2n}$ | $S_{2+}$ |
| | ⋮ | ⋮ | ⋮ | | ⋮ | |
| | $S_n$ | $S_{n1}$ | $S_{n2}$ | … | $S_{nn}$ | $S_{n+}$ |
| $S_{+j}$ | | $S_{+1}$ | $S_{+2}$ | … | $S_{+n}$ | |

表 6-2 中，$S_{ij}(i=1, 2, …, n; j=1, 2, …, n)$ 表示 $T_1$～$T_1+1$ 期间的土地利用类型 $i$ 转换为土地利用类型 $j$ 的面积，$S_{ii}$ 表示 $T_1$～$T_2$ 期间 $i$ 种土地利用类型没有发生转换的面积，$S_{i+}$ 表示 $T_1$ 时间点土地利用类型 $i$ 的总面积，$S_{+j}$ 表示 $T_2$ 时间点土地利用类型 $j$ 的总面积。

# 6.3　土地利用类型识别

## 6.3.1　土地利用类型划分

本研究使用 MODIS、Landsat 8 OLI 以及 Sentinel 2 等遥感影像数据以及 GlobeLand30 数据，基于 ENVI 和 ArcGIS 软件以及参考《土地利用现状分类》，利用监督分类法，将涪江流域研究区范围内的土地利用类型整合为耕地、林地、草地、水域、建设用地以及其他用地，共六个一级类，分类依据见表 6-3。

表 6-3　土地利用类型划分依据

| 序号 | 类别 | 说明 |
| --- | --- | --- |
| 1 | 耕地 | 水田、水浇地、旱地等种植农作物的土地以及其他临时改变用途的耕地 |
| 2 | 林地 | 乔木林地、竹林地、灌木林地以及其他林地 |
| 3 | 草地 | 天然牧草地、人工牧草地、沼泽草地以及其他草地 |
| 4 | 水域 | 河流水面、湖泊水面、坑塘水面、湿地以及沟渠等 |
| 5 | 建设用地 | 商服用地、工矿仓储用地、住宅用地、公共管理与公共服务用地以及特殊用地等 |
| 6 | 其他用地 | 空闲地、裸土地、永久冰川等 |

## 6.3.2　土地利用类型时空分异特征

本研究通过 ENVI 和 ArcGIS 等软件，利用监督分类法对涪江流域的土地利用信息进行提取，通过调整属性重分类、重采样、更改符号系统的操作，最终得到 2001 年、2005 年、2010 年、2015 年、2018 年 5 个不同时期的土地利用类型总面积及其空间分布特征（表 6-4）。

表 6-4　涪江流域不同时期土地利用类型面积结构　　　　（单位：km²）

| 年份 | 耕地 | 林地 | 草地 | 水域 | 建设用地 | 其他用地 | 总面积 |
|---|---|---|---|---|---|---|---|
| 2001 | 13171.65 | 20918.83 | 745.90 | 1162.00 | 254.27 | 147.35 | 36400.00 |
| 2005 | 14905.60 | 18896.63 | 752.00 | 1302.46 | 407.05 | 136.26 | 36400.00 |
| 2010 | 13432.14 | 20347.72 | 733.65 | 1276.70 | 491.17 | 118.62 | 36400.00 |
| 2015 | 14849.14 | 18922.67 | 763.57 | 1166.55 | 590.50 | 107.57 | 36400.00 |
| 2018 | 16342.51 | 17184.65 | 835.33 | 1304.67 | 603.41 | 129.43 | 36400.00 |
| 多年平均面积 | 14540.21 | 19254.10 | 766.09 | 1242.47* | 469.28 | 127.85 | 36400.00 |
| 比例/% | 39.95 | 52.90 | 2.10 | 3.41 | 1.29 | 0.35 | 100.00 |

*考虑 6 种土地利用类型面积加和为 36400km²，水域多年平均面积按 1242.47km² 计算。

从表 6-4 和图 6-2 可以得出以下结论。

（1）2001 年耕地、林地、草地、水域、建设用地、其他用地的面积分别为 13171.65km²、20918.83km²、745.90km²、1162.00km²、254.27km²、147.35km²；2005 年耕地、林地、草地、水域、建设用地、其他用地的面积分别为 14905.60km²、18896.63km²、752.00km²、1302.46km²、407.05km²、136.26km²；2010 年耕地、林地、草地、水域、建设用地、其他用地的面积分别为 13432.14km²、20347.72km²、733.65km²、1276.70km²、491.17km²、118.62km²；2015 年耕地、林地、草地、水域、建设用地、其他用地的面积分别为 14849.14km²、18922.67km²、763.57km²、1166.55km²、590.50km²、107.57km²；2018 年耕地、林地、草地、水域、建设用地、其他用地的面积分别为 16342.51km²、17184.65km²、835.33km²、1304.67km²、603.41km²、129.43km²；2018 年耕地、林地、草地、水域、建设用地、其他用地的多年平均面积分别为 14540.21km²、19254.10km²、766.09km²、1242.47km²、469.28km²、127.85km²，占研究区总面积比例分别为 39.95%、52.90%、2.10%、3.41%、1.29%、0.35%。研究区耕地和林地的总面积占整个研究区面积的比例＞92%，因此，研究区的土地利用类型以林地和耕地为主。

（2）涪江流域上游的土地利用类型以草地和林地为主。草地主要集中分布在涪江流域上游的九寨沟、松潘、平武等县（市、区），其主要原因是九寨沟县、松潘县境内海拔较高，气温较低，热量不足，不利于乔木植被的生长，因此草地分布较为广泛。平武县北部为川西北丘状高原山地区与盆中丘陵区的过渡地带，落差较大，沟谷纵横，加之人类放牧活动的影响，该区域的土地利用类型以草地居多。林地主要大片地分布于

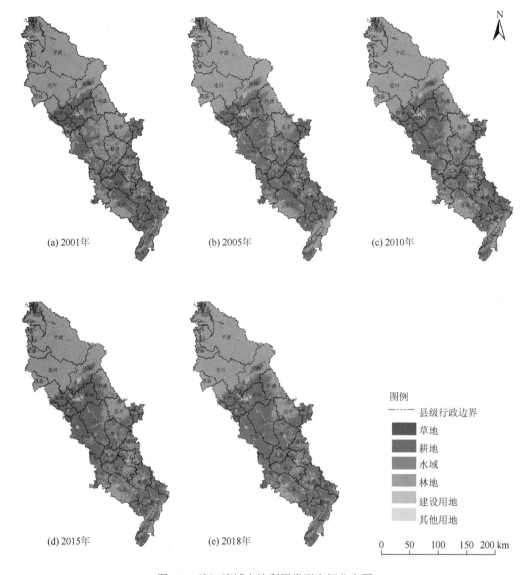

图 6-2　涪江流域土地利用类型空间分布图

松潘、平武、北川等县（市、区），该区域位于岷山山系，受人类活动干扰较小，分布有雪宝顶、王朗、小寨子沟等国家级自然保护区，因此该区域植被覆盖状况良好，主要土地利用类型为林地。

（3）研究区中下游地区的土地利用类型主要为耕地和林地，安州、涪城、游仙、江油、三台、罗江、旌阳、大英、安岳、安居等县（市、区）的土地利用类型为耕地和林地交错分布，以耕地为主、林地为辅；梓潼、盐亭、射洪、铜梁、永川等县（市、区）则分布有大片的林地，整体上从空间分布图中可以看出在中下游区域耕地分布的范围比林地略为广阔；建设用地主要沿干流河道分布于中下游，其主要原因是涪江为人类的社会生活活动提供了充足的生产生活用水，并且由于河流长期的冲积作用形成的冲积平原地势平坦、土壤肥沃，有利于人类进行生产生活活动，平坦开阔的地形有利于基础设施的建设，因此研究区范围内的建设用地主要沿江分布在涪江的两岸，其中江油、涪城、游仙、船山等县（市、区）的建设用地所占面积较大；关于水域的分布，主要为涪江干流及其 10 条支流在研究区范围内纵横分布形成的较为完整的涪江水系，其余的湖泊、湿地在流域范围内呈零星分布。

## 6.4　生态用地时空异质性特征分析

### 6.4.1　生态用地分类体系

本研究基于前人关于生态用地的相关研究以及分类标准，结合涪江流域的实际情况，将研究区的生态用地分为耕地、林地、草地、水域以及其他用地共 5 类，分类依据见表 6-5。

**表 6-5　生态用地类型划分依据**

| 序号 | 类别 | 分类依据 |
|---|---|---|
| 1 | 耕地 | 耕地具有提供粮食和其他生物产品的生态系统服务供给功能，还具有调节大气、水土、局地气候和促进营养物质循环等生态系统支持功能，同时也是重要的农业用地 |
| 2 | 林地 | 林地被称为"地球之肺"，具有气候调节、大气调节、水土调节等生态系统调节功能，对生物多样性有重大的影响，是重要的生态用地 |
| 3 | 草地 | 天然牧草地、人工牧草地、沼泽草地以及其他草地具有提供生物产品、调节大气和气候、涵养水源、保持水土、提供生态景观美学以及休憩娱乐等功能，属于重要的生态用地 |
| 4 | 水域 | 河流水面、湖泊水面、坑塘水面等具有调节局地小气候的作用，湿地被称为"地球之肾"，具有涵养水源和净化的作用，属于重要的生态用地 |
| 5 | 其他用地 | 空闲地具有重要的景观生态功能，裸地以及荒地等是天然的地表覆被类型，永久冰川具有涵养水源、调节气候等生态功能，均属于重要的生态用地 |

### 6.4.2　生态用地时序变化特征

分别对 2001 年、2005 年、2010 年、2015 年、2018 年 5 年生态用地的面积进行统计，并且分别计算出耕地、林地、草地、水域以及其他用地的面积及其比例，见表 6-6，变化趋势如图 6-3～图 6-7 所示。

**表 6-6　涪江流域 2001～2018 年生态用地面积及占研究区总面积比例**

| 生态用地 | 2001 年 | | 2005 年 | | 2010 年 | | 2015 年 | | 2018 年 | |
|---|---|---|---|---|---|---|---|---|---|---|
| | 面积/km² | 比例/% | 面积/km² | 比例/% | 面积/km² | 比例/% | 面积/km² | 比例/% | 面积/km² | 比例/% |
| 耕地 | 13171.65 | 36.19 | 14905.60 | 40.95 | 13432.14 | 36.90 | 14849.14 | 40.79 | 16342.51 | 44.90 |
| 林地 | 20918.83 | 57.47 | 18896.63 | 51.91 | 20347.72 | 55.90 | 18922.67 | 51.99 | 17184.65 | 47.21 |
| 草地 | 745.90 | 2.05 | 752.00 | 2.07 | 733.65 | 2.02 | 763.57 | 2.10 | 835.33 | 2.29 |
| 水域 | 1162.00 | 3.19 | 1302.46 | 3.58 | 1276.70 | 3.51 | 1166.55 | 3.20 | 1304.67 | 3.58 |
| 其他用地 | 147.35 | 0.40 | 136.26 | 0.37 | 118.62 | 0.33 | 107.57 | 0.30 | 129.43 | 0.36 |

从表 6-6 中可以得出 2001 年、2005 年、2010 年、2015 年、2018 年涪江流域生态用地类型以林地和耕地为主，占总面积比例＞92%，而草地、水域以及其他用地面积较小。

（1）2001～2018 年，研究区耕地的面积在 5 个时期分别为 13171.65km²、14905.60km²、13432.14km²、14849.14km²、16342.51km²，其中面积比例最高的年份为 2018 年，占整个流域面积比例的 44.90%；从变化趋势来看耕地的面积在 2005～2010 年呈减少的趋势，减少了 1473.46km²，2010～2018 年呈缓慢增长的趋势，增长了 2910.37km²；2001～2018 年耕地的面积整体呈增长趋势，在 18 年期间，面积总增长了 3170.86km²，年均增长率为 1.28%。

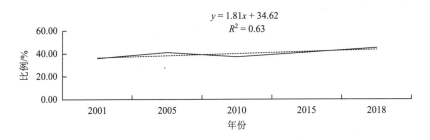

图 6-3  涪江流域耕地面积变化率

（2）2001～2018 年，研究区林地的面积分别为 20918.83km²、18896.63km²、20347.72km²、18922.67km²、17184.65km²，林地的面积在整个研究区内所占总面积比例最高，虽然在 2018 年降为 47.21%，但仍为面积最大的一类生态用地；从变化趋势看，2001～2005 年、2010～2018 年面积呈减少的趋势，分别减少了 2202.20km²、3163.07km²，整体上来看，2001～2018 年研究区林地的面积呈负增长的趋势，年均增长率为–1.15%。

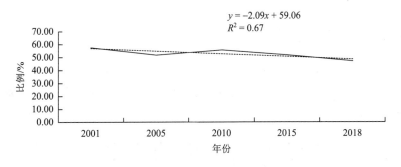

图 6-4  涪江流域林地面积变化率

（3）2001～2018 年，草地的面积分别为 745.90km²、752.00km²、733.65km²、763.57km²、835.33km²，所占总面积较小，常年稳定在 2%左右，从面积变化的趋势来看，整体上呈微微增长的趋势，在 18 年期间总面积增加了 89.43km²，年均增长率为 0.67%。

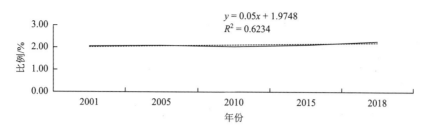

图 6-5　涪江流域草地面积变化率

（4）2001～2018 年，水域的面积分别为 1162.00km²、1302.46km²、1276.70km²、1166.55km²、1304.67km²，2001～2018 年占整个研究区总面积的比例在 3%～4%，面积变化幅度较小，从变化趋势来看，整体上水域的面积呈现出略微增长的态势，年均增长率为 0.68%。

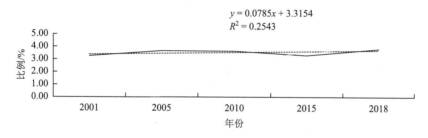

图 6-6　涪江流域水域面积变化率

（5）其他用地主要指永久冰川、裸地以及荒地等景观，2001～2018 年，其他用地的面积分别为 147.35km²、136.26km²、118.62km²、107.57km²、129.43km²，面积比例长年维持在 0.30%～0.40%，占整个流域总面积比例最小，并且呈现出逐年轻微减少的趋势，年均增长率为–0.76%。

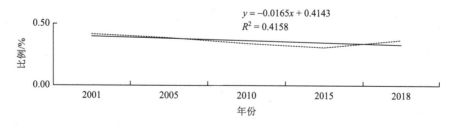

图 6-7　涪江流域其他用地面积变化率

涪江流域的总面积为 3.64 万 km²，从分析结果上看，耕地和林地的总面积在 2001 年、2005 年、2010 年、2015 年、2018 年分别为 34090.48km²、33802.23km²、33779.86km²、33771.81km²、33527.16km²，占流域总面积比例分别达到了 93.66%、92.86%、92.80%、

92.78%、92.11%，虽然比例略微呈下降的趋势，但是面积占比都达到了 92% 以上，因此可以得出研究区的生态用地类型以耕地和林地为主；草地、水域以及其他用地在整个研究时间段中总面积分别为 2055.25km$^2$、2190.72km$^2$、2128.97km$^2$、2037.69km$^2$、2269.43km$^2$，占流域总面积比例分别达到了 5.64%、6.02%、5.86%、5.60%、6.23%，2018 年 3 类型生态用地的面积相较于 2001 年增加了约 214.18km$^2$，但是在整个流域的面积占比中仍然较小。

耕地的面积增减变化最为明显，从 2001 年的 13171.65km$^2$ 变化到 2018 年的 16342.51km$^2$，净增加了 3170.86km$^2$，占整个流域面积的比例从 36.19% 增加至 44.90%，增加了 8.71 个百分点，年均增长率为 1.28%；林地在整个研究期内，其面积占比都是最高的，面积虽然从 2001 年的 20918.83km$^2$ 降至 2018 年的 17184.65km$^2$，面积占整个研究区总面积的比例减少了 10.26 个百分点，年平均减少率为 1.15%，但是仍然占据了研究区总面积的 47.21%，林地主要分布在研究区上游的平武县、北川县、江油市和中下游的安岳、船山、永川等县（市、区），由于近年来人类活动的增加，人类对林地的开发需求增大，林地的面积逐年减少。

### 6.4.3　生态用地动态度特征

本研究根据单一土地利用动态度模型计算得到涪江流域生态用地动态度，依据测算得出的数值的绝对值进行比较分析，绝对值的大小可以反映出土地利用类型的相对稳定度，单一土地利用动态度的数值越小，土地利用类型越稳定，反之则相反。其中，正值表示土地利用面积增长，负值则表示土地利用面积减少。

计算结果如表 6-7 所示，通过对比耕地、林地、草地、水域以及其他用地的动态度可以得出以下结论。

**表 6-7　涪江流域 2001～2018 年生态用地动态度**　　　　　　　　（单位：%）

| 生态用地类型 | 2001～2005 年 | 2005～2010 年 | 2010～2015 年 | 2015～2018 年 | 2001～2018 年 |
| --- | --- | --- | --- | --- | --- |
| 耕地 | 2.82 | −1.92 | 2.10 | 6.30 | 1.40 |
| 林地 | −2.01 | 1.51 | −1.41 | −6.00 | −1.01 |
| 草地 | 0.30 | −0.46 | 0.80 | 2.62 | 0.63 |
| 水域 | 12.93 | −0.15 | −1.81 | 5.08 | 0.97 |
| 其他用地 | −1.42 | −2.34 | −1.78 | 6.45 | −0.60 |
| 合计 | 12.62 | −6.36 | −2.09 | 14.44 | 1.39 |

（1）从整体上来看，涪江流域生态用地的变化处于较为稳定的状态，但相对于其他时间段，2001～2005 年、2015～2018 年呈现出较为不稳定的状态，动态度分别达到了 12.62% 和 14.44%。

（2）2001～2018 年，涪江流域的生态用地中，耕地变化较为不稳定，绝对值为 1.40%，依次往后为林地、水域、草地和其他用地，动态度绝对值分别为 1.01%、0.97%、0.63% 以及 0.60%，整体而言，土地利用类型较为稳定。

（3）耕地在 2005～2010 年这个时间段内最为稳定，土地利用动态度为–1.92%，而在 2015～2018 年这个时间段最为不稳定，土地利用动态度为 6.30%；林地在 2010～2015 年最为稳定，土地利用动态度为–1.41%，2015～2018 年最不稳定，土地利用动态度达到了–6.00%，并且 2010～2015 年、2015～2018 年土地利用动态度均为负值，表明林地的面积在此两个时间段内处于减少的状态。

（4）草地的变化情况相较于其他类型而言相对稳定，土地利用动态度在整个研究时间段内起伏不大，土地利用动态度的最高值出现在 2015～2018 年，为 2.62%；2001～2005 年、2005～2010 年、2010～2015 年、2001～2018 年土地利用动态度的绝对值分别为 0.30%、0.46%、0.80%、0.63%，表明草地在整个研究时间范围内变化不大，是较为稳定的一类生态用地。

（5）相较于其他类型的生态用地，水域的波动起伏较大，最不稳定的情况出现在 2001～2005 年，土地利用动态度的绝对值 12.93%，原始值为正值，表明 2001～2005 年研究区的水域面积处于大幅度增长状态，2005～2010 年、2010～2015 年土地利用动态度分别为–0.15%、–1.81%，均为负值，表明在此两个时间段内，研究区的水域面积处于减少的状态，但减少变化的幅度较小。

（6）其他用地，从计算出的土地利用动态度的结果来看，2015～2018 年动态度最大，达到了 6.45%，且为正值，因此其他用地的面积在此时间段内增加较快，2001～2005 年、2005～2010 年、2010～2015 年的土地利用动态度分别为–1.42%、–2.34%、–1.78%，且都为负值，表明在这三个时间段内其他用地的面积呈较小幅度的减少趋势。

总体来讲，涪江流域的生态用地变化状态在 2001～2018 年除了水域和其他用地较为不稳定之外（2001~2005 年水域为 12.93，其他用地为 6.45），其余三类生态用地相比而言都处于较为稳定的状态，面积波动的幅度较小；除了林地和其他用地处于明显的减少状态外，其余类型的生态用地的面积大都处于增加状态。

## 6.4.4　生态用地空间分异特征

基于识别出的土地利用类型，参照谭永忠等（2016）、王静等（2017）、刘继来等（2017）等的相关研究提取出研究区的生态用地，分别为耕地、林地、草地、水域以及其他用地。其空间分布特征如下。

（1）如图 6-8 所示，耕地主要分布在涪江流域中下游的安州、涪城、三台、罗江、中江、大英、安居、安岳、潼南、铜梁、大足、永川等县（市、区）。其主要原因是这类地区位于成都平原以及四川盆地盆中丘陵区，是我国主体功能规划中农产品主产区的重要组成部分之一，其海拔在 500～900m，海拔较低，坡度变化在 5°～15°，地势较为平缓，重力作用不明显，在外力作用情况下，地面侵蚀相对较弱，加之土壤类型以紫色土、水稻土以及黄壤为主，适合水稻、小麦等粮食作物以及茶、果、药等经济作物的生长，因此综合有利条件，此类地区有利于农耕活动的进行。

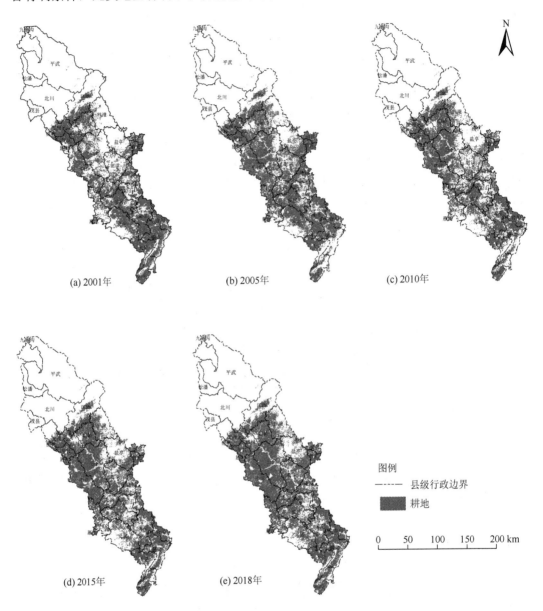

图 6-8　2001～2018 年涪江流域耕地空间分布现状

（2）如图 6-9 所示，林地主要集中分布在涪江上游区域的平武、北川、江油、茂县、安州以及中下游区域的梓潼、江油、船山等县（市、区），其余县（市、区）有零散分布，原因是此县（市、区）内的植被覆盖度高达 75%，原始的植被覆盖条件较为优越，再加之研究区内有雪宝顶、王朗、小寨子沟等国家级自然保护区以及无数的国家级森林公园等国家禁止开发区，受人类活动干扰较小，因此区域内形成了较大面积的林地。

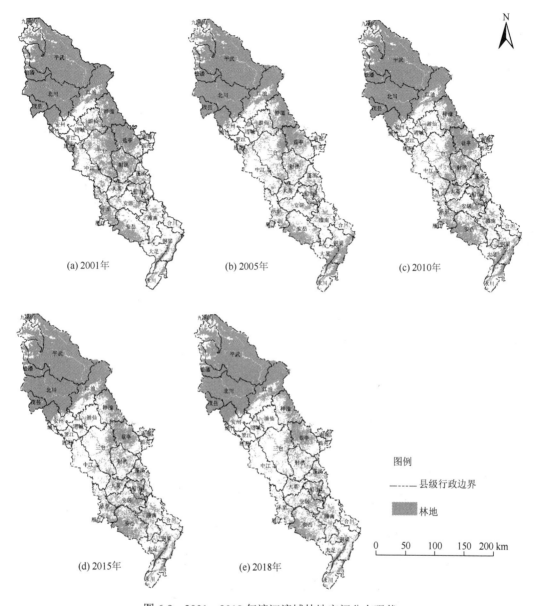

图 6-9　2001～2018 年涪江流域林地空间分布现状

（3）如图 6-10 所示，草地主要分布在涪江上游西北部的九寨沟、松潘、平武等县（市、区），主要是由于上游位于川西北丘状高原山地区，平均海拔在 3586m，海拔较高，气温较低，不利于乔木植被的生长，但有利于天然草场的形成，再加之其中部分地区以牧业为主，人工草场分布也较多，因此草地分布较为广泛。

（4）如图 6-11 所示，水域主要指涪江流域干流及其 10 条支流，再加上零星分布在研究区范围内的湖泊、水库以及湿地等，其在研究区内纵横交错分布，形成了较为完整的水域型生态环境系统。

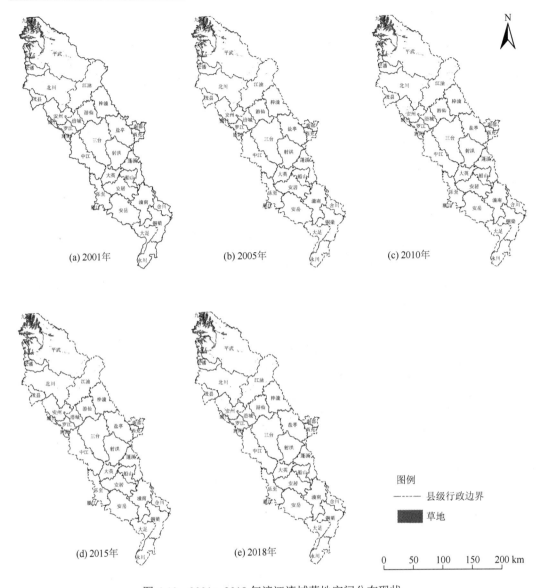

图6-10　2001～2018年涪江流域草地空间分布现状

（5）如图6-12所示，其他用地主要指冰川和永久积雪、裸地等，其主要分布在涪江流域最北端的雪宝顶国家级自然保护区内，常年处于雪线以上，终年积雪，其具有水源涵养、气候调节等功能，属重要的生态用地。

2001～2018年研究区生态用地的空间分异特征如下。

（1）2001年，耕地分布较为均匀，主要位于研究区中下游区域；林地集中分布于研究区的上游区域，中下游地区林地与耕地呈拼接状；草地和其他用地主要分布在流域上游的西北部，分布较为集中，占整个研究区面积的比例较小；水域除了涪江干流及其10条支流贯穿整个研究区范围之外，其余的湖泊、水库等湿地在整个研究区范围内较为零散地分布。

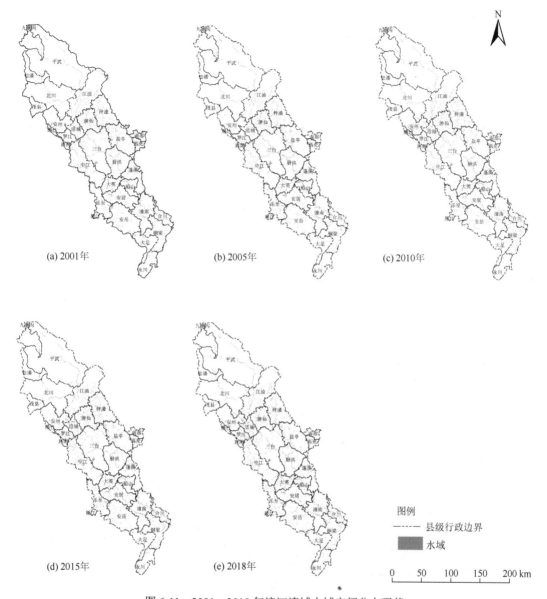

图 6-11  2001～2018 年涪江流域水域空间分布现状

（2）2001～2005 年，耕地面积共计增加了 1733.95km², 增加较为明显的为三台、盐亭、射洪等县（市、区），空间格局呈向外扩散分布；在空间分布上，林地面积明显减少，中下游部分林地变为耕地；草地和水域略有增加，分布的空间位置没有明显变化。

（3）2005～2010 年，生态用地整体上的空间布局状态较为稳定，但是存在一定的变化，其中，耕地较少，林地增多，推测主要是受退耕还林政策的影响（马其芳，2005），人工植被增加，从而使林地面积增加；其他类型的生态用地的空间分布位置较为固定。

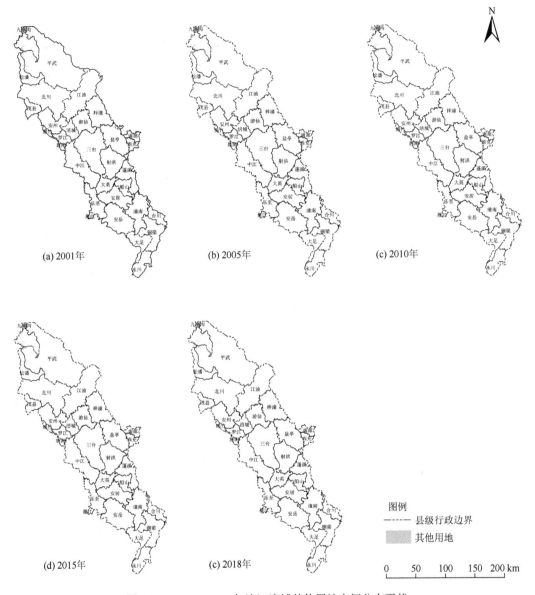

图 6-12　2001～2018 年涪江流域其他用地空间分布现状

（4）2010～2015 年，耕地面积略微增长，增长的面积主要发生在研究区中下游的东南部；林地面积略微减少，面积减少的部分从图 6-9 中可以看出主要发生在研究区的中下游地区；草地面积轻微增加，水域面积略微减少。但是整体上，空间格局没有发生较为明显的变化。

（5）2015～2018 年，耕地、草地、水域以及其他用地的面积都呈增加的趋势，分布范围扩大；林地面积减少，减少的部分转换为耕地、草地、水域，其中耕地的空间分布格局变化特征最为明显。

### 6.4.5 生态用地土地利用转移矩阵

基于转移矩阵的原理（马新萍等，2020；乔伟峰等，2013），利用 ArcGIS 的空间分析中的叠加分析工具，得出涪江流域 2001～2005 年、2005～2010 年、2010～2015 年、2015～2018 年生态用地的土地利用转移矩阵结果，见表 6-8～表 6-11，土地利用变化图谱如图 6-13 所示（图表中的耕地、林地、草地、水域以及其他用地表示不同类型的生态用地）。从表 6-8～表 6-11 可以得出不同类型的生态用地在单个研究时段的转移特征。

由表 6-8 得出，2001～2005 年，草地的转出和转入面积分别为 220.19km² 和 226.29km²，差值为 6.10km²，差值绝对值最小，表明在此期间，其在空间上的转换不明显；耕地的转出和转入面积分别为 2265.36km² 和 3999.31km²，差值为 1733.95km²，差值较大，表明其面积变动较大；林地的转出和转入面积分别为 4404.10km² 和 2381.90km²，差值为 -2022.20km²，差值绝对值达到了最大；水域的转出和转入面积分别为 886.62km² 和 1027.08km²，差值为 140.46km²；其他用地转出和转入面积分别为 46.99km² 和 35.89km²，差值为 -11.10km²，差值较小。2001～2005 年，研究区内 5 类生态用地的主要转移特点：其他用地转为草地、草地转林地、水域转为林地和耕地，以及林地和耕地互相转换，但林地转耕地更加明显。建设用地则主要是由耕地、林地以及水域转换而来，其中耕地所占比例较大，达到了建设用地 2005 年总面积的 30.14%。

**表 6-8　涪江流域 2001～2005 年土地利用转移矩阵**　　　　（单位：km²）

| 土地利用类型 | 草地 | 耕地 | 建设用地 | 林地 | 其他用地 | 水域 | 2001 年总计 |
|---|---|---|---|---|---|---|---|
| 草地 | 525.71 | 9.47 | 0.00 | 181.05 | 25.22 | 4.45 | 745.90 |
| 耕地 | 5.54 | 10906.29 | 122.67 | 1714.93 | 0.00 | 422.22 | 13171.65 |
| 建设用地 | 0.00 | 19.69 | 168.24 | 28.21 | 0.00 | 38.13 | 254.27 |
| 林地 | 164.56 | 3614.67 | 61.91 | 16514.73 | 2.31 | 560.65 | 20918.83 |
| 其他用地 | 41.32 | 0.00 | 0.00 | 4.04 | 100.37 | 1.63 | 147.35 |
| 水域 | 14.87 | 355.48 | 54.24 | 453.67 | 8.36 | 275.38 | 1162.00 |
| 2005 年总计 | 752.00 | 14905.60 | 407.05 | 18896.63 | 136.26 | 1302.46 | 36400.00 |

注：由于四舍五入，年内各土地利用类型面积加和可能与表中加和数据存在 ±0.01km² 的误差。

由表 6-9 得出，2005～2010 年，草地的转出和转入面积分别为 228.14km² 和 209.78km²，差值为 -18.36km²，差值较小；耕地的转出和转入面积分别为 3552.55km² 和 2079.08km²，差值为 -1473.47km²，差值绝对值最大，表明在此时间段内耕地在空间上的转换较为明显；林地的转出和转入面积分别为 2391.65km² 和 3842.73km²，差值为 1451.08km²，差值较大；水域的转出和转入面积分别为 939.57km² 和 913.83km²，差值为 -25.74km²；其他用地的转出和转入面积分别为 48.61km² 和 30.97km²，差值为 -17.64km²，差值绝对值最小。2005～2010 年，研究区内 5 类生态用地的转移特点：林地的面积在此时期内呈增长的趋势，草地、耕地以及水域都有向林地转换，其中耕地转换最为明显，转移面积达到了 3100.03km²；部分其他用地向草地转移；建设用地的面积在增加，主要是由耕地、林地以及水域转换而来。

表 6-9　涪江流域 2005～2010 年土地利用转移矩阵　　　（单位：km²）

| 土地利用类型 | 草地 | 耕地 | 建设用地 | 林地 | 其他用地 | 水域 | 2005 年总计 |
|---|---|---|---|---|---|---|---|
| 草地 | 523.86 | 7.24 | 3.36 | 183.01 | 26.47 | 8.06 | 752.00 |
| 耕地 | 1.89 | 11353.06 | 74.96 | 3100.03 | 0.00 | 375.67 | 14905.60 |
| 建设用地 | 0.00 | 31.99 | 289.35 | 45.98 | 0.00 | 39.73 | 407.05 |
| 林地 | 164.23 | 1662.31 | 75.07 | 16504.99 | 3.08 | 486.96 | 18896.63 |
| 其他用地 | 40.19 | 0.00 | 0.00 | 5.01 | 87.64 | 3.41 | 136.26 |
| 水域 | 3.47 | 377.54 | 48.44 | 508.70 | 1.42 | 362.88 | 1302.46 |
| 2010 年总计 | 733.65 | 13432.14 | 491.17 | 20347.72 | 118.62 | 1276.70 | 36400.00 |

注：由于四舍五入，年内各土地利用类型面积加和可能与表中加和数据存在 ±0.01 km² 的误差。

由表 6-10 得出，2010~2015 年，草地的转出和转入面积分别为 60.76km² 和 90.69km²，差值为 29.93km²，差值较小；耕地的转出和转入面积分别为 752.23km² 和 2169.23km²，差值为 1417.00km²，差值较大，表明在此时间段内耕地在空间上的转换较为明显；林地的转出和转入面积分别为 2221.49km² 和 796.42km²，差值为 −1425.07km²，差值绝对值最大；水域的转出和转入面积分别为 132.93km² 和 22.79km²，差值为 −110.14km²；其他用地的转出和转入面积分别为 16.57km² 和 5.52km²，差值为 −11.05km²，差值绝对值最小。2010～2015 年，研究区内 5 类生态生态用地的转移特征：耕地面积大增，以林地、水域转耕地为主，同时耕地转林地的面积也较大。建设用地的面积主要由耕地、林地以及水域转移得到，其面积范围相比于初期面积，增加了 20.22%。

表 6-10　涪江流域 2010～2015 年土地利用转移矩阵　　　（单位：km²）

| 土地利用类型 | 草地 | 耕地 | 建设用地 | 林地 | 其他用地 | 水域 | 2010 年总计 |
|---|---|---|---|---|---|---|---|
| 草地 | 672.88 | 1.15 | 0.00 | 54.09 | 4.37 | 1.15 | 733.65 |
| 耕地 | 1.84 | 12679.90 | 9.44 | 726.91 | 0.00 | 14.04 | 13432.14 |
| 建设用地 | 0.00 | 0.00 | 491.17 | 0.00 | 0.00 | 0.00 | 491.17 |
| 林地 | 72.05 | 2124.81 | 17.95 | 18126.24 | 0.00 | 6.68 | 20347.72 |
| 其他用地 | 14.27 | 0.00 | 0.00 | 1.38 | 102.04 | 0.92 | 118.62 |
| 水域 | 2.53 | 43.27 | 71.94 | 14.04 | 1.15 | 1143.76 | 1276.70 |
| 2015 年总计 | 763.57 | 14849.14 | 590.50 | 18922.67 | 107.57 | 1166.55 | 36400.00 |

注：由于四舍五入，年内各土地利用类型面积加和可能与表中加和数据存在 ±0.01 km² 的误差。

　　由表6-11可得,2015～2018年,草地的转出和转入面积分别为70.95km² 和142.71km²,差值为 71.76km²;耕地的转出和转入面积分别为 583.54km² 和 2076.90km², 差值为 1493.36km²,差值较大;林地的转出和转入面积分别为2312.02km²和574.00km²,差值为 −1738.02km²,差值绝对值最大;水域的转出和转入面积分别为74.63 和212.76km²,差值为 138.13km²;其他用地的转出和转入面积分别为6.90km²和28.77km²,差值为21.87km²。2015～2018 年,研究区内 5 类生态用地最明显的转移特点为:林地转为耕地,耕地面积大幅增加,而林地的面积几乎等程度地减少。

**表 6-11　涪江流域 2015～2018 年土地利用转移矩阵**　　　　（单位：km²）

| 土地利用类型 | 草地 | 耕地 | 建设用地 | 林地 | 其他用地 | 水域 | 2015 年总计 |
|---|---|---|---|---|---|---|---|
| 草地 | 692.62 | 0.92 | 0.23 | 39.88 | 25.78 | 4.14 | 763.57 |
| 耕地 | 6.45 | 14265.61 | 26.45 | 461.10 | 0.00 | 89.54 | 14849.14 |
| 建设用地 | 0.23 | 22.99 | 515.66 | 32.91 | 0.00 | 18.72 | 590.50 |
| 林地 | 128.44 | 2024.68 | 59.23 | 16610.65 | 0.92 | 98.75 | 18922.67 |
| 其他用地 | 5.29 | 0.00 | 0.00 | 0.00 | 100.66 | 1.61 | 107.57 |
| 水域 | 2.30 | 28.31 | 1.84 | 40.11 | 2.07 | 1091.91 | 1166.55 |
| 2018 年总计 | 835.33 | 16342.51 | 603.41 | 17184.65 | 129.43 | 1304.67 | 36400.00 |

注：由于四舍五入,年内各土地利用类型面积加和可能与表中加和数据存在±0.01 km²的误差。

　　图 6-13 为涪江流域 2001～2018 年土地利用变化图谱,表 6-12 为2001～2018 年涪江流域整体的生态用地面积的转出面积、转入面积及比例。

　　（1）2001～2005 年、2005～2010 年转出比和转入比较高的为水域和建设用地,其中 2001～2005 年水域的转出总面积和转出比分别为886.62km² 和 76.30%,转入面积和转入比分别为 1027.08km² 和 78.86%, 转入面积比转出面积多 140.46km²。这两个时期内,建设用地转为生态用地的比例也较高,2001～2005 年建设用地的转出面积和转出比分别为 86.03km² 和 33.83%,转入面积和转入比分别为 238.82km² 和 58.67%;2005～2010 年建设用地的转出面积和转出比分别为 117.70km² 和 28.92%,转入面积和转入比分别为 201.83km² 和 41.09%,在两个时期内转入面积都要高于转出面积,说明随着社会经济的发展,研究区内的建设用地面积在逐渐增多,生态用地的总面积在减少。

　　（2）2010～2015 年和 2015～2018 年所有生态用地和建设用地的转出比、转入比都表现为较稳定,转出面积、转入面积占总面积的比例基本上都在 15%以下,说明在此期间,研究区域的生态用地总体在面积上变化较小,变化不明显,处于较为稳定的状态。

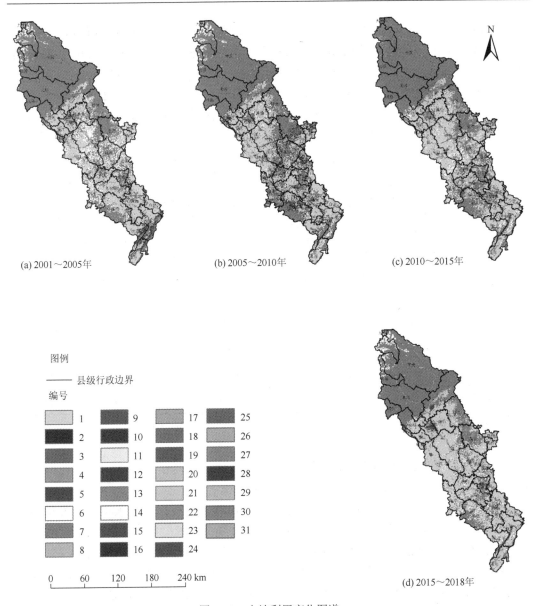

(a) 2001～2005年　　　　(b) 2005～2010年　　　　(c) 2010～2015年

(d) 2015～2018年

图 6-13　土地利用变化图谱

1 耕地-耕地、2 耕地-林地、3 耕地-草地、4 耕地-水域、5 耕地-建设用地、6 林地-耕地、7 林地-林地、8 林地-草地、9 林地-水域、10 林地-建设用地、11 林地-其他用地、12 草地-耕地、13 草地-林地、14 草地-草地、15 草地-水域、16 草地-其他用地、17 水域-耕地、18 水域-林地、19 水域-草地、20 水域-水域、21 水域-建设用地、22 水域-其他用地、23 建设用地-耕地、24 建设用地-林地、25 建设用地-水域、26 建设用地-建设用地、27 其他用地-林地、28 其他用地-草地、29 其他用地-水域、30 其他用地-建设用地、31 其他用地-其他用地；-表示转移方向

表 6-12　涪江流域 2001～2018 年生态用地转出、转入面积以及比例

| 生态用地 | | 2001～2005 年 | | 2005～2010 年 | | 2010～2015 年 | | 2015～2018 年 | |
|---|---|---|---|---|---|---|---|---|---|
| | | 面积/km² | 比例/% | 面积/km² | 比例/% | 面积/km² | 比例/% | 面积/km² | 比例/% |
| 草地 | 转出 | 220.19 | 29.52 | 228.14 | 32.34 | 60.76 | 8.28 | 70.95 | 9.29 |
| | 转入 | 226.29 | 30.09 | 209.78 | 28.59 | 90.69 | 11.88 | 142.71 | 17.08 |

| 生态用地 | | 2001～2005 年 | | 2005～2010 年 | | 2010～2015 年 | | 2015～2018 年 | |
|---|---|---|---|---|---|---|---|---|---|
| | | 面积/km² | 比例/% | 面积/km² | 比例/% | 面积/km² | 比例/% | 面积/km² | 比例/% |
| 耕地 | 转出 | 2265.36 | 17.20 | 3552.55 | 23.83 | 752.23 | 5.60 | 583.54 | 3.93 |
| | 转入 | 3999.31 | 26.83 | 2079.08 | 15.48 | 2169.23 | 14.61 | 2076.90 | 12.71 |
| 建设用地 | 转出 | 86.03 | 33.83 | 117.70 | 28.92 | 0 | 0 | 74.85 | 12.68 |
| | 转入 | 238.82 | 58.67 | 201.83 | 41.09 | 99.33 | 16.82 | 87.75 | 14.54 |
| 林地 | 转出 | 4404.10 | 21.05 | 2391.65 | 12.66 | 2221.49 | 10.92 | 2312.02 | 12.22 |
| | 转入 | 2381.90 | 12.60 | 3842.73 | 18.89 | 796.42 | 4.21 | 574.00 | 3.34 |
| 其他用地 | 转出 | 46.99 | 31.89 | 48.61 | 35.68 | 16.57 | 13.97 | 6.90 | 6.41 |
| | 转入 | 35.89 | 26.34 | 30.97 | 26.11 | 5.52 | 5.13 | 28.77 | 22.23 |
| 水域 | 转出 | 886.62 | 76.30 | 939.57 | 72.14 | 132.93 | 10.41 | 74.63 | 6.40 |
| | 转入 | 1027.08 | 78.86 | 913.83 | 71.58 | 22.79 | 1.95 | 212.76 | 16.31 |

# 6.5　本章小结

本章提取涪江流域的土地利用类型，识别出 5 类生态用地，利用土地利用结构变化率、土地利用动态度、土地利用转移矩阵等方法对 2001～2018 年涪江流域生态用地的时间变化特征和空间分异特征进行相关分析，结果如下。

（1）研究区内的土地利用类型，按照相关的分类标准进行分类，主要分为以下 6 类：耕地、林地、草地、水域、建设用地以及其他用地，以耕地和林地为主，面积占比 92%以上。研究区上游区域主要的土地利用类型为草地和林地，草地主要分布在九寨沟县、松潘县以及平武县的西北部，林地主要分布在平武县、北川县等地区；中下游区域以耕地和林地为主，分布状态为耕地和林地交错分布、林地成片分布，整体上林地的分布面积要大于耕地；建设用地主要分布在涪江流域的中下游区域，成斑块状分布在河流两岸，其中绵阳市辖区和遂宁市辖区所占面积较大；水域主要是涪江干流及其 10 条支流纵横分布。

（2）根据土地利用数据以及生态用地的相关标准，共提取出研究区内 5 类生态用地，分别是林地、耕地、草地、水域以及其他用地，耕地和林地总面积在 2001 年、2005 年、2010 年、2015 年、2018 年分别为 34090.48km²、33802.23km²、33779.86km²、33771.81km²、33527.16km²，占流域总面积比例分别达到了 93.66%、92.86%、92.80%、92.78%、92.11%，所占面积比例均在 92%以上，说明研究区以耕地和林地为主。耕地主要分布在涪江流域中下游，分布较为均匀；林地主要集中分布在涪江上游区域以及中下游区域的安岳、船山、永川等县（市、区），其余县（市、区）有零散分布；草地主要分布在涪江上游西北部的九寨沟县、松潘县、平武县等地；水域主要指涪江流域干流及其 10 条支流；其他用地主要指冰川和永久积雪、裸地等，其主要分布在涪江流域最北端的雪宝顶国家级自然保护区内。

（3）2001～2018 年，涪江流域耕地、草地和水域的面积呈增长的趋势，年均增长率分别为 1.28%、0.67%和 0.68%，林地和其他用地的总面积在研究时间段内呈减少的趋势，年均减少率分别为 1.15%和 0.76%。从土地利用动态度分析中可以看出，涪江流域的生态用地变化状态受各类人为因素以及自然因素的影响，2001～2018 年除了水域和其他用地较为不稳定之外，其动态度变化值最高分别为 12.93%和 6.45%，其余三类生态用地处于较为稳定的状态，面积波动的幅度较小。

（4）涪江流域不同类型的生态用地的空间转换特征较为明显，其中最为明显的为耕地、林地以及水域。研究区内的建设用地主要由此三类生态用地转换而来，建设用地的面积逐年增加。从整体上看，2001～2018 年耕地面积增加最为明显，纯增加面积为 3170.86km$^2$，面积增加区域主要分布在中下游地区的三台、盐亭、安岳、大足等县（市、区）；其次是水域和草地，纯增加面积分别为 142.67km$^2$ 和 89.43km$^2$；林地面积在研究时间段内呈负增长的状态，在 2001～2018 年减少了 3734.18km$^2$。

## 参 考 文 献

邓书斌，陈秋锦，杜会建. 2014. ENVI 遥感图像处理方法. 北京：高等教育出版社.

韩学敏，濮励杰，朱明，等. 2010. 环太湖地区有效生态用地面积的测算分析. 中国农学通报，26（22）：301-305.

刘继来，刘彦随，李裕瑞. 2017. 中国"三生空间"分类评价与时空格局分析. 地理学报，72（7）：1290-1304.

刘瑞，朱道林. 2010. 基于转移矩阵的土地利用变化信息挖掘方法探讨. 资源科学，32（8）：1544-1550.

吕毅轩. 2018. 安泽县生态用地时空演变及影响因素分析. 太原：山西师范大学.

马其芳，邓良基，黄贤金. 2005. 盆周山区土地利用变化及其驱动因素分析——以四川省雅安市为例. 南京大学学报（自然科学版）（3）：268-278.

马新萍，韩申山，王磊，等. 2020. 大西安地区土地利用类型时空演变分析. 干旱区地理，43（2）：499-507.

乔伟峰，盛业华，方斌，等. 2013. 基于转移矩阵的高度城市化区域土地利用演变信息挖掘——以江苏省苏州市为例. 地理研究，32（8）：1497-1507.

谭永忠，赵越，曹宇，等. 2016. 中国区域生态用地分类的研究进展. 中国土地科学（9）：28-36.

王静，王雯，祁元，等. 2017. 中国生态用地分类体系及其 1996-2012 年时空分布. 地理研究，36（3）：453-470.

徐岚，赵羿. 1993. 利用马尔柯夫过程预测东陵区土地利用格局的变化. 应用生态学报，4（3）：272-277.

郑红. 2018. 贵阳市生态用地变化及其对生态环境影响研究. 大连：东北财经大学.

# 第7章 涪江流域生态用地生态安全评价

## 7.1 生态用地生态安全格局评价指标体系构建

### 7.1.1 指标体系构建原则

随着自然因素与人类活动对景观格局影响的不断加强，景观格局受到的干扰与胁迫逐渐增加，流域尺度上的景观生态安全评价日益成为近年来"景观格局—生态过程"互馈研究的热点（彭建等，2017）。在生态安全评价的发展早期，相关研究多以不透水面增加、土壤侵蚀、水质污染等一种或几种特定生态安全影响源进行评价，使得评价结果较为单一，缺少多源因子评价下流域景观生态安全的综合考虑（李杨帆等，2017；巩杰等，2014；贡璐等，2007）。近年来，景观格局指数分析法因能够增加对景观异质性的关注与空间定量表征，而被引入景观生态安全评价体系中，使景观生态安全评价脱离了传统的以某单一因子影响展开评价的局限，逐渐成为流域景观生态安全评价研究的主流（许妍等，2012）。然而，由于流域生态系统是受特定景观格局影响，同时也受自然与社会因素共同影响的自然综合体，单一的景观格局指数指标并不能对"自然-社会系统"复合生态安全状况进行有效的概括（陈春丽等，2010）。与此同时，前人研究较少从自然环境、社会环境、景观格局三个维度对流域景观生态安全进行空间定量评价（刘焱序等，2015）。为此，有必要将景观格局指数与流域多源"自然-社会系统"影响要素整合，共同纳入景观生态安全评价体系中，以评价异质性景观镶嵌格局与多种自然及人类社会干扰因素对流域景观生态安全的综合影响，为景观格局优化提供依据。

根据涪江流域的生态用地分布状况、实际的经济发展情况以及数据资料的全面性、可获取性，本研究从自然环境、社会环境、景观格局三个维度，分别选取了海拔、坡度、土壤类型、距河流距离、距工矿用地距离、距居民点距离、生态用地类型、香农均匀度指数（SHEI）、蔓延度指数（CONTAG）、归一化植被指数（NDVI）10 个指标因子作为研究区生态安全的约束因子，建立涪江流域生态用地生态安全格局评价指标体系，以反映区域生态安全的不同特征属性。由于生态安全评价指标体系是基于研究区的生态安全问题而构建的，本研究将不同的指标因子利用 ArcGIS 重采样工具按照指标分级，分为 4 个等级，1～4 级分别表示低度安全、较低安全、中度安全和高度安全。对不同指标要素进行分级主要是在参考相关文献的基础上结合自然断点法对各指标进行分级。本章基于栅格运算对区域生态安全展开评价，其最大优势是评价值可落实到空间任一点（栅格）上，易于找出研究区任一点的生态安全程度，但不足之处是数据量巨大，如本章中的 10 个指标因子空间化后的存储空间即达到数百兆字节。此外，许多因子，尤其是社会经济因子，往往以行政区为统计单元，难以空间化，不得不舍弃。

### 7.1.2　自然环境维度

在自然环境维度，选择海拔、坡度、土壤类型以及距河流距离 4 个因子，研究区上游区域比中下游区域受外力侵蚀更为强烈，地形（海拔和坡度）可以用于刻画地表的粗糙程度，反映受侵蚀的强烈程度。海拔和坡度可以表示地形要素对土壤侵蚀过程中产生崩塌、滑坡、泥石流等地质灾害的潜在影响，坡度对侵蚀过程有极其大的影响，其中 3°、15°、25°、35°是不同侵蚀程度的分界线（汤国安和宋佳，2006），值越高对土壤侵蚀的影响越大，因此海拔和坡度的值越大，发生地质灾害的概率就越大，生态安全指数就越低，具体的指标分级见表 7-1。土壤类型（土壤质地和土壤有机质含量）对地表生物物理特征产生重要的影响，土壤侵蚀的状况则反映区域土壤抗侵蚀的强弱，土壤的抗侵蚀能力对植被的水土保持以及调节局地小气候的功能具有极为显著的影响（王万忠和焦菊英，1996；王云琦等，2010），因此本研究根据研究区域不同土壤类型的抗侵蚀能力以及专家学者对此领域的有关研究，利用重分类工具将研究区的土壤类型进行重分类，土壤抗侵蚀能力越高的区域，其生态安全等级就越高。水资源是自然环境、社会经济发展最主要的限制条件之一，距离水源近的区域往往具有较为优良的生态条件，而水域生态系统的生态服务价值体现在环境净化、气候调节、提供生物栖息地等方面（杨朝晖等，2012），因此在宏观评价中，地形和距河流距离被当作间接反映土壤水分含量的指标。前人的相关研究表明，大面积的水域对维持和促进生态环境向良好的方向发展具有举足轻重的作用（江波等，2017）。因此，本研究以距离水域远近为标准，参照前人相关研究以及自然断点法进行分级，距离水域越近的区域，其生态安全等级就越高。

表 7-1　涪江流域景观生态安全评价因子等级

| 指标层次 | 评价因子 | 分级 | 分级标准 |
|---|---|---|---|
| 自然因子 | 海拔 | 1 | 159～929m |
| | | 2 | 929～1929m |
| | | 3 | 1929～3017m |
| | | 4 | 3017～5552m |
| | 坡度 | 1 | 0°～3° |
| | | 2 | 3°～15° |
| | | 3 | 15°～25° |
| | | 4 | >25° |
| | 土壤类型 | 1 | 酸性紫色土、红壤、黄红壤、山缘红壤、黄壤性土 |
| | | 2 | 水稻土、潴育水稻土、渗育水稻土、盐渍水稻土 |
| | | 3 | 黄棕壤、暗黄棕壤、棕壤、黄棕壤性土、黄壤性土、潮土 |
| | | 4 | 红色石灰土、棕色石灰土、酸性石质土、钙质石质土 |

| 指标层次 | 评价因子 | 分级 | 分级标准 |
|---|---|---|---|
| 自然因子 | 距河流距离 | 1 | 0～1000m |
| | | 2 | 1000～2000m |
| | | 3 | 2000～3000m |
| | | 4 | ≥3000m |
| 社会因子 | 距居民点距离 | 1 | ≥10635m |
| | | 2 | 6003～10635m |
| | | 3 | 3078～6003m |
| | | 4 | 0～3078m |
| | 距工矿用地距离 | 1 | ≥10500m |
| | | 2 | 7000～10500m |
| | | 3 | 3500～7000m |
| | | 4 | 0～3500m |
| 景观因子 | 香农均匀度指数 | 1 | 0.8～1 |
| | | 2 | 0.6～0.8 |
| | | 3 | 0.4～0.6 |
| | | 4 | 0～0.4 |
| | 蔓延度指数 | 1 | ≥40 |
| | | 2 | 12～40 |
| | | 3 | 7～12 |
| | | 4 | 0～7 |
| | 生态用地类型 | 1 | 林地、水域 |
| | | 2 | 草地 |
| | | 3 | 耕地、其他用地 |
| | | 4 | 建设用地 |
| | 归一化植被指数 | 1 | 0.83～0.92 |
| | | 2 | 0.77～0.83 |
| | | 3 | 0.55～0.77 |
| | | 4 | 0～0.55 |

### 7.1.3　社会环境维度

在社会环境维度，道路、工矿用地和城乡居民点是典型的人类活动场所，人类活动对干旱区景观的可持续利用具有双重功能，生态保育的强度随距工矿用地和居民点的距离增大而减弱。由于距道路越近，交通越便利，自然资源开发的强度越大，因此不同类型的距离可以作为空间活动生态风险强度的指标。本研究选取距居民点距离、距工矿用地距离两个因子，居民点的建设改变了研究区内原有生态用地景观类型的构成（董雅文等，1999），距居民点距离反映研究区内人类社会的生产活动对生态环境干扰的程度（李佩武等，2009；谢炳庚等，2010）；距工矿用地距离反映人类的工业活动对生态系统的扰动（李青圃等，2019）。因此，本研究在前人研究的基础上，设定距居民点和工矿用地距离越近的区域，其安全程度越低。因此，不同类型人类活动距离可以作为景观受空间活动影响从而产生生态风险强度的指标（孙洪波等，2010）。

### 7.1.4　景观格局维度

景观格局指数可以对景观整体和单一景观内部特征进行简单量化，且操作简单，具有明确的生态学意义。随着研究的深入，景观格局指数种类繁多，且指数间存在高相关性。景观抗干扰能力是景观的综合特性，而单一的景观格局指数只能反映景观某一方面的特性，因此需要选取多个不同的景观格局指数共同表征。本研究在选取景观格局指数过程中需要遵循以下原则：生态学意义显著、指标多样性原则以及时空差异性原则。基于以上原则，本研究选取了香农均匀度指数、蔓延度指数、生态用地类型以及归一化植被指数。其中，香农均匀度指数和蔓延度指数通过 Fragstats 软件采用移动窗口法进行了可视化处理；植被覆盖度能更有效地反映生态环境的稳定程度，生态用地类型以及归一化植被指数的分级标准参考相关文献。

### 1. 移动窗口法

Fragstats 的移动窗分析法确定窗口大小后，窗口将从栅格图的左上角开始每次移动一个栅格并计算每个窗口内的景观格局指数，并将其赋值给中心像元，即每个像元的景观格局指数代表其周边一定范围内的景观格局特征。利用该方法分析时，窗口阈值大小的确定至关重要，窗口阈值过小，导致计算过程中过于聚焦景观局部而掩盖景观的整体特性，窗口阈值过大，则导致空间信息的大量丢失。移动窗口阈值设置为 100m、300m、500m、700m、900m，选取 2018 年 30m 粒度栅格图和分离度指数（splitting index）进行测试，得到不同移动窗口阈值下的分离度指数，并利用 ArcGIS 的空间分析功能依次计算相邻阈值间栅格图的相关性，得出当移动窗口阈值较小时，分离度指数在空间上分布较为零散，更聚焦于景观局部；随着阈值的增大，分离度指数大小在空间上变得更加平滑，阈值对分离度指数的影响逐渐减弱，当阈值大于 500m 后，不同阈值的分析结果间相关度保持在 0.9 以上，说明阈值大于 500m 后的变化对分析结果影响较小。因此，综合考虑整体性和空间信息的损失度最小，确定移动窗口阈值为 500m。

### 2. 香农均匀度指数

$$\mathrm{SHDI} = \frac{-\sum_{i=1}^{l}\left(P_i \middle/ \ln P_i\right)}{\ln n} \tag{7-1}$$

式中，$n$ 为斑块个数；$P_i$ 为第 $i$ 种景观类型面积占景观总面积的比例。SHDI 主要反映景观的丰富和复杂程度，当 SHDI = 0 时，表明整个景观仅由一个斑块组成；当 SHDI 增大时，说明斑块类型增加或各斑块类型在景观中呈均衡化趋势分布，即 SHDI 可以表征不同景观类型均匀分布的程度，香农均匀度指数越高生态系统越稳定。在本研究中，对香农均匀度指数进行重分类计算，指数值越高安全等级就越高（焦胜等，2014）。

3. 蔓延度指数

$$\mathrm{CONTAG} = \left[1 + \frac{\sum_{i=1}^{m}\sum_{k=1}^{m}\left(p_i \times \frac{g_{ik}}{\sum_{k=1}^{m}g_{ik}}\right)\left(\ln p_i \times \frac{g_{ik}}{\sum_{k=1}^{m}g_{ik}}\right)}{2\ln m}\right] \times 100 \qquad (7\text{-}2)$$

式中，$m$ 为斑块类型数；$g_{ik}$ 为第 $i$ 类型斑块和第 $k$ 类型斑块相邻的数目。蔓延度指数能很好地表征景观破碎化程度，其值越大，说明景观要素间连接越紧密，破碎化程度越低；反之则说明各景观类型斑块间呈散布格局，破碎化严重。

## 7.2　空间主成分分析确定指标权重

### 7.2.1　指标权重确定方法

本研究采用空间主成分分析法确定指标权重，主成分分析法是一种常见的多元统计分析降维方法，通过将初始空间坐标轴旋转，将多个相互有关的多变量空间数据转换为少数几个不相关的综合指标，从而实现高维变量的综合和简化，并且可以客观地计算出每个变量的权重（潘竟虎和刘晓，2015）。而空间主成分分析则是在 GIS 技术的支持下，通过主成分分析法将相关的空间变量对因变量的影响分配到相应的主成分因子上（汤国安和杨昕，2012），基本的操作单元是二维空间中的栅格，而非传统的一维数据（王琼等，2017）。本研究利用 ArcGIS 软件的空间主成分分析功能，根据各生态胁迫因子的生态安全指数计算得到研究区的生态安全综合指数，从而进行流域生态安全评价。整个过程通过数理统计方法进行计算，不会受人为评价的干扰，因此评价结果具有较强的客观性。具体的公式表达如下（张学渊等，2019）：

$$\mathrm{ESI} = \sum_{i=1}^{m}\sum_{j=1}^{n}(a_{ij}F_j) \qquad (7\text{-}3)$$

式中，ESI 为景观生态安全评价综合结果；$a_{ij}$ 为第 $i$ 个栅格对应的第 $j$ 个主成分；$F_j$ 为第

$j$ 个主成分的特征贡献率。

本研究选取蔓延度指数、海拔、归一化植被指数等 10 个指标因子在 ArcGIS 软件中利用 Spatial Analyst 模块的 Principal Components 工具实现，通过该工具能够得到每个主成分所对应的空间载荷图、贡献率以及累计贡献率，将累计贡献率超过 90% 的主成分确定为有统计学意义的主成分（徐建华，2006），然后再根据统计学相关数学原理计算每个因子的标准化权重，通过 ArcGIS 的地图代数工具，利用上述公式原理将其进行线性加权叠加，得出生态安全指数，再利用自然断点法进行分级，分为 1~4 级，分别表示低度安全、较低安全、中度安全、高度安全。

### 7.2.2　测算结果

分析得出的结果，各主成分的特征根及其累计贡献率如表 7-2 所示，基于自然环境、社会环境、景观格局所选取的 10 个景观生态安全影响因子，利用空间主成分分析得出前 7 个主成分的累计贡献率为 91.431%（>90%），因此前 7 个主成分基本可以对研究区的景观生态安全信息进行有效的概括（表 7-2）。从各主成分原始载荷矩阵（表 7-3）中可以得出，第一主成分在距河流距离、海拔、蔓延度指数上的载荷较大，第二主成分在蔓延度指数、香农均匀度指数上的载荷较大，第三主成分在距工矿用地距离上的载荷较大，第四主成分在香农均匀度指数上的载荷较大，第五主成分在坡度、土壤类型以及香农均匀度指数上的载荷较大，第六主成分在归一化植被指数和土壤类型上的载荷较大，第七主成分在坡度、归一化植被指数上的载荷较大。

根据前七个主成分的初始特征根以及贡献率，计算得出各景观生态安全胁迫因子的权重值（表 7-3），从计算结果可以得出蔓延度指数、距河流距离、香农均匀度指数、坡度权重较高，分别为 0.1293、0.1280、0.1197、0.1098，说明其对涪江流域景观生态安全评价结果的影响较大。因此，从权重角度出发，涪江流域景观生态风险评价结果受自然因子和景观格局因子影响较大，受社会因子影响相对较小。

表 7-2　各主成分特征根及其累计贡献率

| 主成分 | 特征值 | 贡献率/% | 累计贡献率/% |
|---|---|---|---|
| 1 | 1.891 | 37.638 | 37.638 |
| 2 | 0.947 | 18.848 | 56.486 |
| 3 | 0.511 | 10.171 | 66.657 |
| 4 | 0.391 | 7.792 | 77.449 |
| 5 | 0.322 | 6.415 | 80.864 |
| 6 | 0.281 | 5.593 | 86.457 |
| 7 | 0.250 | 4.974 | 91.431 |
| 8 | 0.201 | 3.995 | 95.426 |
| 9 | 0.139 | 2.774 | 98.200 |
| 10 | 0.090 | 1.800 | 100.000 |

表 7-3　各主成分载荷原始矩阵及权重

| 评价维度 | 评价指标 | 主成分 | | | | | | | | | | 权重 |
|---|---|---|---|---|---|---|---|---|---|---|---|---|
| | | 1 | 2 | 3 | 4 | 5 | 6 | 7 | 8 | 9 | 10 | |
| 自然因子 | 海拔 | 0.433 | −0.098 | −0.108 | 0.022 | 0.177 | 0.342 | 0.096 | −0.213 | 0.123 | 0.757 | 0.0839 |
| | 坡度 | 0.219 | −0.177 | 0.132 | −0.154 | 0.432 | −0.360 | 0.667 | 0.326 | −0.101 | −0.040 | 0.1098 |
| | 土壤类型 | 0.225 | −0.123 | 0.070 | −0.006 | 0.389 | 0.383 | −0.487 | 0.593 | −0.146 | −0.146 | 0.0882 |
| 社会因子 | 距河流距离 | 0.584 | −0.220 | 0.162 | 0.213 | −0.681 | −0.046 | 0.069 | 0.230 | 0.041 | −0.118 | 0.1280 |
| | 距工矿用地距离 | −0.178 | −0.011 | 0.853 | 0.263 | 0.064 | 0.321 | 0.152 | −0.180 | −0.090 | −0.001 | 0.0998 |
| | 距居民点距离 | −0.308 | 0.049 | 0.239 | 0.014 | −0.097 | −0.303 | −0.154 | 0.475 | 0.549 | 0.440 | 0.0715 |
| 景观格局因子 | 香农均匀度指数 | 0.191 | 0.521 | −0.128 | 0.759 | 0.242 | −0.179 | 0.015 | 0.030 | 0.070 | −0.063 | 0.1197 |
| | 蔓延度指数 | 0.301 | 0.757 | 0.234 | −0.522 | −0.084 | 0.037 | −0.006 | 0.032 | −0.002 | −0.012 | 0.1293 |
| | 生态用地类型 | −0.285 | 0.184 | −0.129 | 0.109 | −0.278 | 0.084 | 0.165 | 0.351 | −0.689 | 0.382 | 0.0765 |
| | 归一化植被指数 | −0.194 | 0.123 | −0.258 | 0.024 | −0.107 | 0.608 | 0.478 | 0.246 | 0.403 | −0.217 | 0.0933 |

## 7.3　综合景观生态安全空间分布特征

### 7.3.1　景观生态安全指数测算方法

#### 1. 加权叠加分析

栅格加权叠加分析模型是指在地理坐标位置一致的前提条件下，将两个及以上的栅格图层进行布尔逻辑运算、数学运算以及求极值等运算，从而得到新的栅格图层的方法。最初的加权叠加起源于 Charles Elliot 和 Warren Manning 的光影叠加（sunprint overlay）和 Jacqueline Tyrwhitt 的透明叠加（transparent overlay），后经 McHarg 的推广和实践，加权叠加法成为一种较为系统的叠加法（牛强等，2017）。以上所提及的统称为顺序叠加法，其是 GIS 叠加分析技术的原型，但是此类分析法在进行叠加分析时的原理等同于数学中的加法运算，默认所有的叠加图层的重要性都一致，但是实际情况并非如此，因此在叠加方法中加入了"权重"这一理念，从而产生了线性加权叠加方法（WLC），其是在 GIS 运算环境下最频繁使用的方法，本研究使用的即是线性加权叠加方法，公式如下：

$$\text{WLC} = \sum_{j=1}^{n} W_j R_{ij} \tag{7-4}$$

式中，$W_j$ 为 $j$ 因子的标准化权重，同时代表 $j$ 因子的重要性，所有因子的权重总和为 1；$R_{ij}$ 为 $i$ 像元 $j$ 因子的属性值。$j$ 因子所有像元的属性值构成一个完整的叠加图层。

## 2. 自然断点法

常见的分类方法主要有等间距法、分位数法与自然断点法。等间距法按数值的范围将数据进行等间距划分，分位数法的每个类都含有相等数量的数据，这两种分类方法都会使数据间的差异较大。自然断点法基于聚类分析中的单变量分类方法，在一定的分级数下，通过计算类间的数据断点，使类中的差异最小化，同时类间的差异最大化，它的优势在于对数据中的相似值进行最有效的区分。

### 7.3.2　景观生态安全指数空间分异特征

通过数理统计的方法计算出各指标因子所占权重，并且利用 ArcGIS 的地图代数工具对各因子进行加权叠加，得到流域生态用地景观生态安全指数，指数值越低，生态安全等级越高，再利用自然断点法对其进行分级，最终得到生态安全评价分级的结果，见表 7-4、图 7-1。

（1）高度安全区。生态安全指数为 1.19～2.16，面积为 7792.83km²，占研究区总面积的 21.41%。高度安全区分布在以水域、林地为主的区域，如江油、梓潼、游仙、涪城、射洪等县（市、区）。此类区域海拔较低，地形较为平坦，植被覆盖度较高，水源充足，生物多样性较为丰富，生态环境质量良好且距离人类的建设用地有一定的距离，受人类活动干扰较小，因此生态安全等级高。

（2）中度安全区。生态安全指数为 2.17～2.48，面积为 13190.42km²，占研究区总面积的 36.24%。中度安全区主要分布在中游段旌阳、中江以及三台等县（市、区）距县城中心较远区域，乐至、安岳等县（市、区）的部分乡镇地区，重庆市境内的潼南、合川、铜梁、大足以及永川等县（市、区）的大部分地区，这些地区以草地和耕地分布为主。

（3）较低安全区。生态安全指数为 2.49～2.77，面积为 9445.30km²，占研究区总面积的 25.95%。较低安全区主要分布在低度安全区的外围区域，在松潘、平武、北川等县（市、区）有较为集中的分布，受自然和人类活动等因素的影响，生态环境较为脆弱，生态安全等级较低。

（4）低度安全区。生态安全指数为 2.78～3.59，面积为 5971.45km²，占研究区总面积的 16.40%。低度安全区主要分布于研究区的上游部分地区和中下游以建设用地为主的地区，上游地区出现低度安全区是由于海拔较高、坡度较陡、土壤抗侵蚀能力较弱，水土流失较为严重，在降水较为集中且雨量较大的季节易发生崩塌、滑坡、泥石流等次生自然灾害，而中下游地区出现低度安全区是由于中下游区域以建设用地为主，人类活动较为频繁，受人为干扰较大，地表植被较为稀疏，生态环境脆弱。

表 7-4　涪江流域生态用地景观生态安全评价分级结果

| 分级 | 指数值 | 等级类型 | 面积/km² | 面积占比/% |
|---|---|---|---|---|
| 1 | 1.19～2.16 | 高度安全 | 7792.83 | 21.41 |
| 2 | 2.17～2.48 | 中度安全 | 13190.42 | 36.24 |
| 3 | 2.49～2.77 | 较低安全 | 9445.30 | 25.95 |
| 4 | 2.78～3.59 | 低度安全 | 5971.45 | 16.40 |

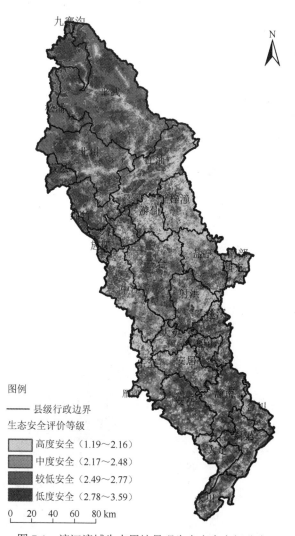

图 7-1　涪江流域生态用地景观生态安全空间分布

## 7.4　单维度生态安全与综合生态安全对比

### 7.4.1　自然环境维度

从自然环境维度出发（图 7-2），即将土壤类型、海拔、坡度与距河流距离 4 个因子和流域综合生态安全评价结果进行对比，可以看出，单自然要素的生态安全评价分级与综合生态安全的评价分级结果高度吻合，均呈现出中下游地区的生态安全等级高于上游地区的分布，说明自然因子对研究区综合生态安全影响较大，这与研究区的实际情况也较为吻合。研究区上游部分区域为川西北高原山地气候，降水较少，气温较低，温差较大，而中下游为亚热带湿润丘陵区气候，水热条件较为充足，因此研究区上中下游水资源的分布较为不均衡，从而导致距河流较远的区域生态风险较大。整个流域地形起伏较为明显，海拔高差达到了4400m，坡度最高达到了54°，地形以山地和丘陵为主，而流域上游的土壤类型以黄棕壤、暗黄棕壤、棕壤等为主，抗外力侵蚀能力较弱、固碳能力较

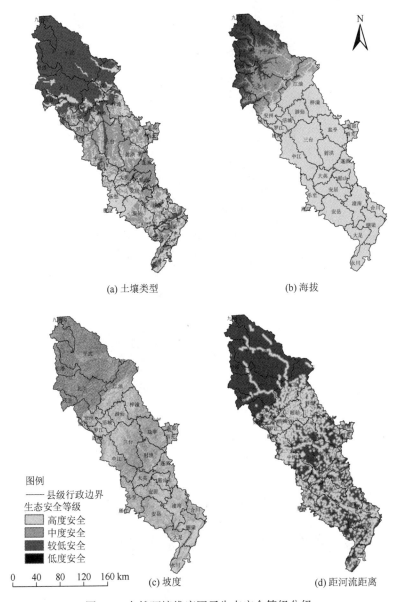

图 7-2　自然环境维度因子生态安全等级分级

弱，所以在降水、重力作用等外力的作用下易发生崩塌、滑坡、泥石流等自然次生灾害，因此地形因子和土壤因子对研究区综合生态安全的影响较强。

## 7.4.2　社会环境维度

从社会环境维度出发（图 7-3），在距居民点距离、距工矿用地距离中可以看到，距居民点以及工矿用地越近的区域，生态安全等级越低；在综合生态安全评价结果中也可以看到，生态安全等级较低的区域在中下游地区呈面状分布，主要是中下游地区地势较为平坦、水源充足，居民点在中下游地区广泛分布，从而改变了生态用地的分布格局，工业活动的扩张以及社会经济的发展对周边的生态环境产生了较为显著的干扰，从而使得距居民点以及工矿用地距离越近的区域面临的生态安全问题相比较于其他区域要更加严峻。

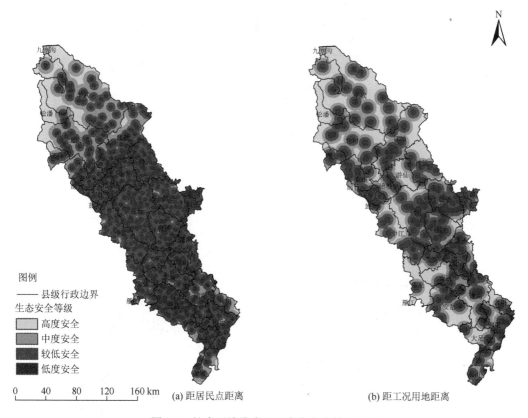

图 7-3　社会环境维度因子生态安全等级分级

## 7.4.3　景观格局维度

从景观格局维度出发（图 7-4），香农均匀度指数可以表征景观类型的丰富度，蔓延度指数可以表征整个研究区域景观生态环境的连通性，从图 7-4 可以看出，这两个因子与生态安全等级呈正相关状态，即指数值越高的区域生态安全等级越高。而归一化植被指数和生态用地类型这两个因子与综合生态安全在空间分布上有部分契合，生态用地类型以林地、水域为主的区域生态安全等级较高，归一化植被指数较高的区域生态安全等级也较高，但是从图7-4中还可以得出研究区上游大面积区域以林地为主且植被覆盖度

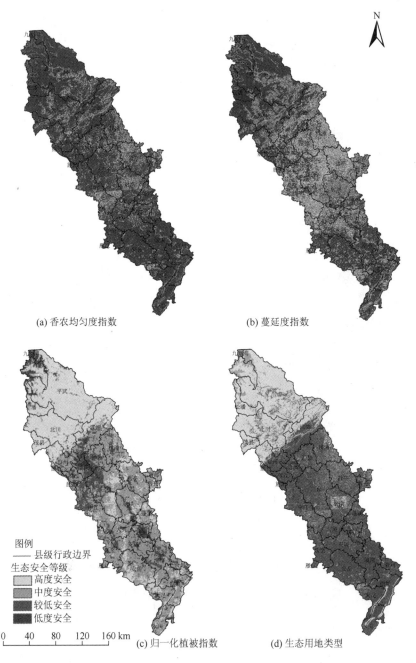

图 7-4　景观格局维度因子生态安全等级分布

较高，但是还是存在低度以及较低生态安全等级的区域，由此可以说明研究区的生态安全评价分级结果受多个因子共同影响，并不是由某个单因子起决定作用。

## 7.5 流域景观生态安全空间关联特征分析

### 7.5.1 评价模型与程序

本研究主要使用空间自相关分析方法对研究区景观生态安全的空间关联性展开分析。空间自相关性是指在地理空间上越靠近的事物或现象越相似，其基本度量是空间自相关系数，可以用全局和局部两种指标进行衡量（金丹和孔雪松，2020）。本研究所用的指标为全局空间自相关，用于描述区域单元内景观生态安全指数的整体分布状况，判断景观生态安全指数在空间上是否存在集聚性的特点，常用全局 Moran's $I$ 指数表示，通过该指数评估研究区内所有景观生态安全指数是集聚分布、离散分布还是随机分布，表达式如下（丁洋等，2021）：

$$I = \frac{n\sum\limits_{i=1}^{n}\sum\limits_{j=1}^{n}W_{ij}(x_i - \overline{x})(x_j - \overline{x})}{\left(\sum\limits_{i=1}^{n}\sum\limits_{j=1}^{n}W_{ij}\right)\sum\limits_{i=1}^{n}(x_i - \overline{x})^2} \qquad (7\text{-}5)$$

式中，$I$ 为全局 Moran's $I$ 指数；$n$ 为参与分析的栅格单元数；$x_i$ 和 $x_j$ 分别为栅格单元 $i$ 和 $j$ 处景观生态风险的观测值，$i \neq j$；$\overline{x} = \frac{1}{n}\sum\limits_{i=1}^{n}x_i$；$W_{ij}$ 为空间权重矩阵。全局 Moran's $I>0$，表示空间正相关性，其值越大，空间相关性越明显；全局 Moran's $I<0$，表示空间负相关性，其值越小，空间差异越大；全局 Moran's $I=0$，空间呈随机性，即不能准确判断是正相关还是负相关。

### 7.5.2 测算结果分析

1. 生态用地类型与生态安全等级空间分布特征

通过叠加分析的方法将研究区生态用地类型与综合景观生态安全评价结果进行叠加处理，利用数理统计的方法计算得到不同生态用地类型中不同生态安全等级的面积占比情况，如图 7-5 所示。

从整体上来看，整个研究区生态用地的生态安全问题较为严峻，其中耕地、林地以及草地的生态安全等级为高度安全和中度安全的比例分别为 45.12%、37.69% 以及 15.32%，而生态安全等级为较低安全和低度安全的比例，分别高达 54.88%、62.31% 以及 84.68%，林地以及草地主要集中分布在上游地区的松潘、平武、北川等县（市、区）；中下游地区分布的面积相对而言较小。在地形、土壤类型等自然因素的影响下，上游地区的海拔高差较大、地形起伏较为明显、坡度较陡、土壤抗外力侵蚀的能力较弱，在外界

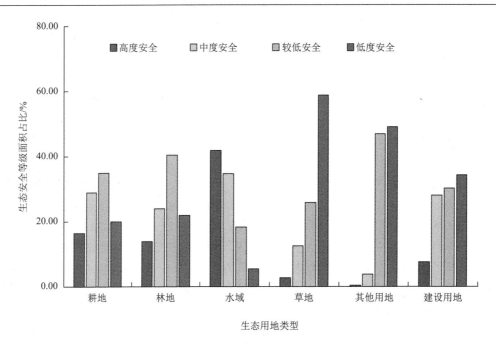

图 7-5 流域各生态用地类型生态安全等级面积占比

因素的干扰下，生态环境较为脆弱，因此研究区上游以林地和草地为主的区域也存在低生态安全等级分布的情况，从而导致整个流域范围内这两类生态用地类型分布的区域面临的生态安全形势较为严峻。耕地在研究区中下游地区较为均匀地分布，由于长期受人类农业生产活动的影响，其景观破碎度较高，所面临的生态安全问题愈发严重。水域自身有较强的稳定性、生态环境修复功能，抵御人类活动干扰的能力较强，在此类生态用地中，高度安全及中度安全等级的面积占比高达 76.36%，其生态系统服务的调节功能较强，生态安全等级较高。其他用地主要分布在位于松潘县海拔 4500m 以上的雪宝顶区域，以裸地及永久冰川等景观为主，生态系统服务功能、抗外界干扰能力较弱，因此在此类生态用地中，生态安全评价等级以较低安全和低度安全为主，二者所占面积比达到了 95.85%。建设用地集中分布于中下游地区地势较为平坦、水源较为充足的区域，虽然没有归为生态用地，但是其作为人类长期进行社会经济建设活动的主要场所，受人为影响较为严重，因此其生态安全等级整体上较低。

## 2. 流域景观生态安全空间关联性分析

基于 GeoDa 和涪江流域景观生态安全指数，根据景观生态学原理和空间统计学中的"共享边或角"规则，探讨涪江流域景观生态安全的空间关联特征，其中正态分布 95%置信区间双侧检验阈值的临界值为 1.96，分析结果见表 7-5，结果表明全局 Moran's $I$ 指数为 0.6312，$Z$ 检验值大于 1.96，$p < 0.05$，说明涪江流域景观生态安全在空间上呈集聚分布模式，空间存在显著正相关性特征，即生态安全等级高的区域和生态安全等级低的区域在空间分布上呈现出较为明显的集聚特征。

**表 7-5 景观生态安全指数**

| 项目 | 全局 Moran's $I$ 指数 | $Z(I)$ | $p$ | $\alpha$ 显著性水平 |
| --- | --- | --- | --- | --- |
| 涪江流域景观生态安全指数 | 0.6312 | 849.9097 | 0.000 | 5% |

为进一步更加直观地显示 4 种空间关联模式的分布概况，采用 LISA 聚类图进一步可视化涪江流域景观生态安全的分布格局（图 7-6），其中研究区的松潘、平武、北川、安岳、潼南等县（市、区）形成了显著的高-高聚类区，或称为"热点"，同时也表明了该聚类区对研究区景观生态安全指数的关联性具有显著的影响；高-低和低-高聚类异常区分布范围较小，主要较为零散地分布在涪江流域的中游地区；低-低聚类区，或称为"冷点"，集中分布于研究区的梓潼、游仙、盐亭、中江等县（市、区）并与涪江水系走向基本吻合。

图 7-6 涪江流域景观生态安全指数 LISA 聚类图

# 7.6 本章小结

从自然环境、社会环境、景观格局三个维度选取 10 个评价因子，利用空间主成分分析、加权叠加等方法对涪江流域生态用地的景观生态安全进行评价分级，得到以下结果。

（1）通过主成分分析得到的原始载荷矩阵以及计算得出的权重信息，研究区的生态安全评价结果主要受自然和景观格局因子的影响，社会因子产生的影响较弱。景观生态安全指数在空间分布上呈聚集模式，"热点"主要分布在研究区上游和下游区域，"冷点"主要分布在中游区域，并且具有很强的空间正相关性。

（2）从整体上看，研究区的生态安全等级在空间上的分布特征为东南部的生态安全等级高于西北部地区，生态安全等级为高度安全、中度安全、较低安全以及低度安全的面积占整个研究区总面积的比例分别为 21.41%、36.24%、25.95% 和 16.40%，低度和较低生态安全等级所占面积比例达到了 42.35%，因此整体上涪江流域生态用地所面临的生态安全问题较为严峻。生态安全等级低的区域主要分布在上游的松潘、平武、北川等县（市、区）以及中下游地区以建设用地为主的部分区域，生态安全等级较高的区域主要与涪江水系的走向一致，呈条带状分布在整个研究区范围内。

（3）生态安全等级在空间上的分布特征与生态用地类型有着密不可分的联系，以水域为主的区域生态安全等级最高；由于研究区自然地理环境的特殊性，分布在上游地区的林地、草地的生态安全等级较低，中下游生态用地的生态安全等级较高；耕地由于长期受人类活动的干扰，自身的稳定性以及生态修复功能较弱，生态安全等级较低。

总之，涪江流域所面临的生态安全问题较为严峻，自然因素和景观格局因素对流域景观生态安全格局的影响要大于社会因素；高度安全区在研究区所占面积较少，且分布较为分散；研究区综合景观生态安全结果是多种因素在空间上共同作用而成的，因此需要加强对多种生态安全影响因子的综合考虑；流域生态环境较为脆弱，面临的生态安全问题众多，高度安全区与低度安全区之间的连通受阻碍，导致流域生态系统中的物质、能量的流通受阻，不利于流域生态的可持续发展。

## 参 考 文 献

陈春丽, 吕永龙, 王铁宇, 等.2010. 区域生态风险评价的关键问题与展望. 生态学报, 30（3）: 808-816.

丁洋, 赵进勇, 张晶, 等.2021. 松花湖水质空间差异及富营养化空间自相关分析. 环境科学, 42（5）: 2232-2239.

董雅文, 周雯, 周岚, 等.1999. 城市化地区生态防护研究——以江苏省、南京市为例. 城市研究（2）: 6-10.

巩杰, 谢余初, 贾珍珍, 等.2014. 黑河流域土地利用/土地覆被变化研究新进展. 兰州大学学报（自然科学版）, 50（3）: 390-397.

贡璐, 鞠强, 潘晓玲.2007. 博斯腾湖区域景观生态风险评价研究. 干旱区资源与环境（1）: 27-31.

江波, 陈媛媛, 肖洋, 等.2017. 白洋淀湿地生态系统最终服务价值评估. 生态学报, 37（8）: 2497-2505.

焦胜, 杨娜, 彭楷, 等.2014. 沩水流域土地景观格局对河流水质的影响. 地理研究, 33（12）: 2263-2274.

金丹, 孔雪松.2020. 湖北省城镇化发展质量评价与空间关联性分析. 长江流域资源与环境, 29（10）: 2146-2155.

李佩武, 李贵才, 张金花, 等.2009. 城市生态安全的多种评价模型及应用. 地理研究, 28（2）: 293-302.

李青圃, 张正栋, 万露文, 等.2019. 基于景观生态风险评价的宁江流域景观格局优化. 地理学报, 74（7）: 1420-1437.

李杨帆，林静玉，孙翔. 2017. 城市区域生态风险预警方法及其在景观生态安全格局调控中的应用. 地理研究，36（3）：485-494.

刘焱序，王仰麟，彭建，等，2015. 基于生态适应性循环三维框架的城市景观生态风险评价. 地理学报，70（7）：1052-1067.

牛强，揭巧，李县. 2017. 变权栅格叠加方法研究——以生态敏感性评价为例. 地理信息世界，24（5）：27-34.

潘竟虎，刘晓. 2015. 基于空间主成分和最小累积阻力模型的内陆河景观生态安全评价与格局优化——以张掖市甘州区为例. 应用生态学报，26（10）：3126-3136.

彭建，赵会娟，刘焱序，等. 2017. 区域生态安全格局构建研究进展与展望. 地理研究，36（3）：407-419.

孙洪波，杨桂山，苏伟忠，等. 2010. 沿江地区土地利用生态风险评价——以长江三角洲南京地区为例. 生态学报，30（20）：5616-5625.

汤国安，宋佳. 2006. 基于 DEM 坡度图制图中坡度分级方法的比较研究. 水土保持学报，20（2）：157-160，192.

汤国安，杨昕. 2012. ArcGIS 地理信息系统空间分析实验教程. 北京：科学出版社.

王琼，卢聪，李法云，等. 2017. 基于主成分分析和熵权法的河流生境质量评价方法——以清河为例. 生态科学，36（4）：185-193.

王万忠，焦菊英. 1996. 中国的土壤侵蚀因子定量评价研究. 水土保持通报，16（5）：1-20.

王云琦，王玉杰，刘楠. 2010. 三峡库区典型林分土壤抗侵蚀性能及评价. 北京林业大学学报，32（6）：54-60.

谢炳庚，曾晓妹，李晓青，等. 2010. 乡镇土地利用规划中农村居民点用地空间布局优化研究——以衡南县廖田镇为例. 经济地理，30（10）：1700-1705.

徐建华. 2006. 计量地理学. 北京：高等教育出版社.

许妍，高俊峰，赵家虎，等. 2012. 流域生态风险评价研究进展. 生态学报，32（1）：284-292.

杨朝晖，马静，陈根发. 2012. 浅析水资源生态服务价值. 水利水电技术，43（4）：19-22.

张学渊，魏伟，颉斌斌，等. 2019. 西北干旱区生态承载力监测及安全格局构建. 自然资源学报，34（11）：2389-2402.

McHarg I L. 1969. Design with nature. New York：American Museum of Natural History.

# 第8章　涪江流域生态用地景观格局优化

## 8.1　景观格局优化模型构建

### 8.1.1　最小累积阻力模型

根据俞孔坚等（2009）、潘竟虎和刘晓（2016）、刁菲菲（2012）等关于构建景观生态安全格局的方法和涪江流域景观生态安全评价结果，结合研究区实际的生态环境特征，识别出"生态源地"，以此利用最小累积阻力模型（minimum cumulative resistance model，MCR）构建阻力面，进一步利用 ArcGIS 软件中的最短路径、网络分析、模型构建器等工具实现生态廊道、生态节点的建立，从而达到景观格局优化的目的。MCR 公式如下（戴璐等，2020）：

$$\mathrm{MCR} = f_{\min} \sum_{i=1}^{m} \sum_{j=1}^{n} D_{ij} W_i \qquad (8\text{-}1)$$

式中，MCR 为第 $j$ 个生态源地到第 $i$ 个栅格的最小阻力累计值；$D_{ij}$ 为景观格局阻力上第 $i$ 个栅格到第 $j$ 个生态源地之间的距离；$W_i$ 为在景观格局阻力表面上第 $i$ 个栅格对生态流运行所产生阻碍的阻力值。

1. "生态源地"的识别

根据"源-汇"理论得出，"源"是指在空间上具有扩展性、连续性的景观，对其的确定应该依据在生态过程中决定生态系统功能发挥的不同作用，生态源地的生境质量较高，对生态系统服务功能起着正向的推动作用（王琦等，2016）。本研究对生态源地的选取是通过将初次筛选的面积大于 5km² 的林地、湿地以及水域导入 conefor_inputs 插件得出景观一致性概率（LCP）、整体连通性（LLC）、可能连通度（PC）、斑块重要性（DI）4 个景观指数，此 4 个景观指数表征生态源地的连接性，将其阈值设为 2000，连通概率设为 0.5，对核心区进行连接度评价，并将核心区域重要值>1 的斑块确认为最终生态源地。

2. 生态阻力面的确定

生态阻力指由于生态景观格局的空间异质性，物质和能量流在不同的景观中运行和流动需要克服的阻力（杨彦昆等，2020），而生态阻力面的确定是构建最小累积阻力模型的基础。本研究确定阻力面的依据是将生态安全评价结果和选取的生态源地作为阻力要素，利用 ArcGIS 中的 Cost Distance 工具计算生态源地到不同生态安全指数栅格的距离，将计算结果作为涪江流域景观格局累积阻力表面，并且采用自然断点法将综合阻力大小分为1～4 个等级，分别表示低阻力、中等阻力、较高阻力和高阻力（李青圃等，2019）。

### 3. 生态廊道的判别

生态廊道是指有通道或者屏障功能的线状或者带状的景观要素，一般为生态阻力较小的通道，其一方面作为障碍物隔离不同的生态景观，另一方面作为不同生态源地之间的连接通道起到连接作用，有利于具有空间异质性特征的景观的物质以及能量流自由地流通，生态廊道一般由水体、植被、道路等要素组成，具有维护生物多样性、涵养水源、防风固沙以及保持水土等生态功能（潘竟虎和刘晓，2015）。本研究在判别生态廊道时主要基于识别出的生态源地、构建的生态阻力面，利用 ArcGIS 的模型构建器进行迭代，按顺序计算得出每个生态源地到另外一个生态源地的最小耗费距离，模型构建器流程如图 8-1 所示。然后对计算得出的结果进行适量转化处理，结合研究区实际的情况剔除冗余路径，最终得到连接每个生态源地的最短路径，即为研究区内具有重要生态服务功能的生态廊道。根据生态廊道的类型、长度以及所起到的连通作用，将其分为 4 个等级。

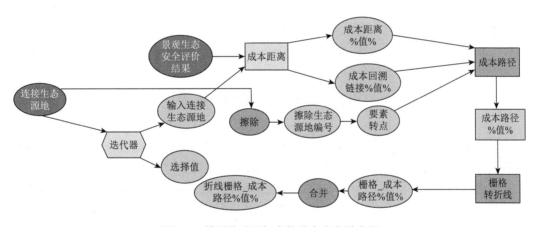

图 8-1　模型构建器初步构建生态廊道流程

### 4. 生态节点的判别

生态节点是指在整个研究区生态景观格局中需要加以识别和进行保护的生态环境较为脆弱的区域（戴璐等，2020；黄木易等，2019）。利用 ArcGIS 的水文分析工具提取出"生态阻力面"的"山脊线"，将其与提取出的生态廊道进行相交处理，提取生态节点（胡炳旭等，2018；李航鹤等，2020）。

## 8.1.2　景观格局优化效果评估

景观连接度可以有效地对景观要素在景观功能和过程上的有机联系进行描述（李青

圃等，2019）。前人的研究大多选取景观一致性概率（LCP）、种类一致性概率（CCP）、整体连接度（IIC）指数和可能连接度（PC）指数等对景观格局优化前后效果进行评估（李青圃等，2019；刘伊萌等 2020；史芳宁等，2020；蒙吉军等，2016）。其中，IIC 指数和 PC 指数能够较好地表现景观格局斑块与重要生态要素之间的连通情况，因此本研究选取 IIC 指数和 PC 指数对涪江流域景观格局优化前后效果进行定量分析，表达式如下（汤国安和宋佳，2006）：

$$IIC = \frac{\sum_{i=1}^{n}\sum_{j=1}^{n}\left(\dfrac{a_i \times a_j}{1+NL_{ij}}\right)}{A_L^2} \tag{8-2}$$

$$PC = \frac{\sum_{i=1}^{n}\sum_{j=1}^{n}(a_i \cdot a_j \cdot P_{ij}^*)}{A_L^2} \tag{8-3}$$

式中，$a_i$ 与 $a_j$ 分别为斑块 $i$ 与斑块 $j$ 的面积；$A_L$ 为流域总面积；$NL_{ij}$ 为斑块 $i$ 和斑块 $j$ 之间的连接数；IIC 的取值介于 0～1，值越大表示景观格局连接性越高；$P_{ij}^*$ 为斑块 $i$ 和斑块 $j$ 之间所有可能的路径的最大乘积率，PC 的取值介于 0～1，值越大表示景观连通性越高。

本研究计算景观格局连通度相关指数选用的是 Conefor Sensinode 2.6 软件，通过对比研究区景观格局优化前后的 IIC 指数和 PC 指数，对研究区景观格局优化效果进行对比评估。

## 8.2　景观格局优化结果

一个典型的生态安全格局应由生态源地、生态廊道、生态障碍点、生态节点等要素组成。生态源地是区域生态系统服务的主要来源，对维持区域生态稳定具有重要意义；生态廊道是不同生态源地之间具有一定宽度的通道，是生态源地间生物流和信息流的主要途径；生态障碍点是生态廊道内部对物种迁移具有明显阻碍作用的区域；生态节点则是生态廊道中最为重要的区域，表明物种在生态源地间迁移有极高的可能性要通过该区域，具有不可替代性，在生态安全格局构建时应予以重点保护。

### 8.2.1　生态源地识别

本研究通过初步筛选面积大于 $5km^2$ 且生态服务功能较强的林地、水域等景观，选取 LCP 指数、LLC 指数、PC 指数、DI 指数 4 个景观指数，利用 conefor_inputs 插件进行计算，其参考阈值根据粒度反推法设置为 2000，连通概率设为 0.1，对初步筛选的生态源地进行连接度评价，最终筛选出 15 个核心区域重要值>1 的生态源地并确定为最终生态源地(图 8-1)，面积总和为 $11192.07km^2$，占研究区总面积的 30.75%，以林地及水域为主，主要分布在研究区上游地区的平武、北川、安州、江油等林地面积较大的区域，这些区域生态环境质量较为优良、生态系统较为稳定，有利于生物多样性的发展。

## 8.2.2　景观格局阻力面的确定

本研究所确定的景观格局阻力面以涪江流域内的林地型和水域型生态源地为源数据，以生态安全评价结果为成本栅格数据，通过成本距离工具计算得出最小累积阻力栅格，利用自然断点法对其进行分级，分为 4 级，1～4 分别表示低阻力、中等阻力、较高阻力、高阻力，分级标准如表 8-1 所示，空间分布结果如图 8-2 所示。

表 8-1　研究区景观格局阻力分级及面积占比

| 阻力等级 | 累计阻力值 | 阻力值分区 | 面积/km² | 占比/% |
|---|---|---|---|---|
| 1 | 0～4732 | 低阻力区 | 17940.01 | 49.29 |
| 2 | 4732～13014 | 中等阻力区 | 9716.47 | 26.69 |
| 3 | 13014～23189 | 较高阻力区 | 6329.51 | 17.39 |
| 4 | 23189～60340 | 高阻力区 | 2414.01 | 6.63 |

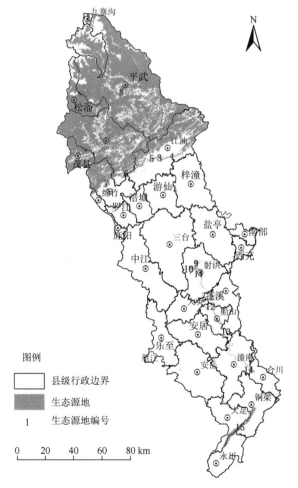

图 8-2　生态源地分布

从表 8-1、图 8-3 可以得出如下结论。

（1）低阻力区，所占面积最大，累积阻力值为 0～4732，面积为 17940.01km²，占研究区总面积的比例为 49.29%，主要位于北川、平武、茂县等县（市、区），安州、江油两县（市、区）部分地区以及涪江干流流经区域，主要原因是这类生态用地以林地和水域为主，生态环境良好，生态阻力较小。

（2）中等阻力区，所占面积次之，累计阻力值为 4732～13014，面积为 9716.47km²，占研究区总面积的比例为 26.69%，较为均匀地分布于研究区中下游低阻力区的外围区域，如梓潼、游仙、中江、射洪、乐至等县（市、区）。

（3）较高阻力区，累积阻力值为 13014～23189，面积为 6329.51km²，占研究区总面积的比例为 17.39%，主要位于中等阻力区的外围，在三台、盐亭、旌阳、安岳等县（市、区）的分布范围较大。

（4）高阻力区，累积阻力值在 23189～60340，面积共计 2414.01km²，占研究区总面积的比例为 6.63%，主要分布在研究区最北端的雪宝顶区域、中下游地区居民点以及建设用地景观集中分布的区域，主要原因是这类地区受人类活动干扰较为强烈，给物种在不同的景观单元之间的迁徙造成的阻力较大。

图 8-3　研究区景观格局阻力空间分布

　　较高阻力区和高阻力区与生态源地之间的间隔距离较远，两者之间缺少连接通道，因此有必要在研究区范围内根据研究区实际的生态环境情况构建不同类型的生态廊道以促进研究范围内物质、能量的自由流通，从而达到生态环境协调发展的最终目的。

## 8.2.3　生态廊道的构建

　　利用最小累积阻力模型通过模型构建器计算得到各个生态源地之间的最小通道，即研究区内具有重要生态意义的廊道，并且根据生态廊道在研究区内的连通作用以及长度，将其划分为 3 个等级，分级标准如表 8-2 所示。

表 8-2　研究区生态廊道分级标准　　　　　　　　　（单位：km）

| 廊道等级 | 廊道长度 |
| --- | --- |
| 一级 | >200 |
| 二级 | 100～200 |
| 三级 | <100 |

　　如表 8-3、图 8-4 所示，共构建研究区生态廊道 37 条，其中原有的生态廊道 26 条，新添加 11 条潜在生态廊道，并根据廊道连接、通过的生态用地景观类型，与交通干道、河流等图层进行叠加，将所有的生态廊道进行识别分类，将其分为绿带型、河流型以及道路型共 3 类。

表 8-3　研究区生态廊道分级结果

| 生态廊道分级 | 编号 | 廊道长度/km | 类型 | 生态廊道分级 | 编号 | 廊道长度/km | 类型 |
| --- | --- | --- | --- | --- | --- | --- | --- |
| 一级廊道 | 21 | 408.45 | 绿带型新添 | | 20 | 80.92 | 绿带型现有 |
| | 25 | 349.00 | 河流型现有 | | 14 | 76.58 | 绿带型现有 |
| | 19 | 324.78 | 河流型现有 | | 23 | 74.05 | 绿带型现有 |
| | 13 | 294.89 | 河流型现有 | | 34 | 73.78 | 河流型现有 |
| | 10 | 290.05 | 绿带型新添 | | 5 | 73.69 | 绿带型新添 |
| | 6 | 282.78 | 绿带型新添 | | 22 | 72.52 | 绿带型现有 |
| | 17 | 238.50 | 河流型现有 | | 24 | 68.02 | 绿带型现有 |
| 二级廊道 | 4 | 176.35 | 绿带型新添 | 三级廊道 | 36 | 58.39 | 道路型现有 |
| | 35 | 178.47 | 河流型现有 | | 12 | 52.78 | 绿带型新添 |
| | 16 | 171.51 | 河流型现有 | | 7 | 50.40 | 绿带型现有 |
| | 32 | 167.10 | 绿带型新添 | | 2 | 44.38 | 河流型现有 |
| | 18 | 164.46 | 绿带型现有 | | 30 | 41.37 | 河流型现有 |
| | 9 | 163.49 | 道路型现有 | | 1 | 34.02 | 河流型现有 |
| | 29 | 131.07 | 绿带型新添 | | 31 | 32.83 | 河流型现有 |
| | 33 | 122.99 | 绿带型新添 | | 8 | 21.14 | 绿带型新添 |
| | 27 | 122.11 | 河流型现有 | | 11 | 19.31 | 绿带型现有 |
| | 26 | 121.37 | 河流型现有 | | 15 | 12.33 | 绿带型新添 |
| | 3 | 117.28 | 绿带型现有 | | 28 | 9.56 | 绿带型现有 |
| | 37 | 100.76 | 河流型现有 | | | | |

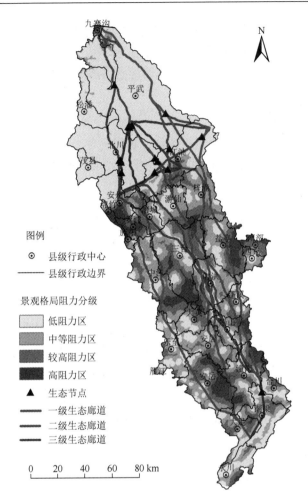

图 8-4　研究区生态安全格局

根据表 8-3、图 8-4 可以得出以下结论。

（1）一级生态廊道共有 7 条，其中长度最长的为 21 号生态廊道，主要连接整个研究区内的林地，为绿带型生态廊道，长 408.45km，贯穿整个研究区，从九寨沟县雪宝顶地区经过平武、江油、游仙、盐亭、蓬溪、船山等县（市、区），最终在潼南区结束，连接了研究区内的低阻力区和高阻力区、低生态安全区和高生态安全区，是研究区制定生态环境保护措施需要重点进行建设的要素之一。其次为 25 号、19 号、13 号生态廊道，长度分别为 349.00km、324.78km、294.89km，其中 25 号生态廊道与涪江干流最吻合，经平武县穿过北川、江油、游仙、三台、射洪、安居、安岳等县（市、区），终点为大足区和铜梁区边界交界处；19 号和 13 号生态廊道部分与涪江干流和支流吻合，大致经江油市穿过梓潼、三台、盐亭、射洪、安居、安岳等县（市、区），因此 25 号、19 号、13 号生态廊道皆为现有的河流型生态廊道。再次为 10 号、6 号、17 号生态廊道，长度分别为 290.05km、282.78km、238.50km，其中 10 号、6 号生态廊道经过绵竹、罗江、中江、乐至、安岳、大足等生态阻力较高的区域，为潜在的绿带型生态廊道；17 号生态廊道经过江油、游仙、三台、射洪、蓬溪、船山、潼南等县（市、区），与涪江水系有吻合，因此为河流型廊道。

（2）二级生态廊道共有 12 条，其中，4 号生态廊道长 176.35km，整体位于研究区的上游区域，经过九寨沟、平武、松潘、北川、绵竹等县（市、区），为潜在绿带型生态廊道；35 号、16 号、18 号、37 号生态廊道长分别为 178.47km、171.51km、164.46km、100.76km，都经过平武县、江油市，整体上位于平武县境内，为河流型生态廊道或绿带型生态廊道；32 号生态廊道长 167.10km，整体位于涪江下游生态阻力较高的区域，经过射洪、船山、安居、安岳、大足等县（市、区），为绿带型生态廊道；9 号生态廊道长 163.49km，经过江油、游仙、三台、射洪等县（市、区），与交通干道进行叠加，发现大部分吻合，为道路型生态廊道；33 号生态廊道长 122.99km，经过船山、安居、潼南、安岳、大足 5 县（市、区），为绿带型生态廊道；27 号生态廊道长 122.11km，经过北川、江油、游仙、射洪等县（市、区），为河流型生态廊道；26 号生态廊道长 121.37km，经过射洪、船山、潼南等县（市、区），为河流型生态廊道；3 号生态廊道长 117.28km，呈横向分布，经过绵竹、北川、江油 3 县（市、区），为绿带型生态廊道。

（3）三级生态廊道共有 18 条，大部分位于涪江上游区域，少数位于中下游区域。其中，20 号生态廊道长 80.92km，经过平武县、江油市，为绿带型生态廊道；14 号生态廊道长 76.58km，经过平武县、北川县、江油市，为绿带型生态廊道；23 号、5 号生态廊道长度分别为 74.05km、73.69km，经过平武县、北川县、绵竹市，均为绿带型生态廊道；34 号生态廊道长 73.78km，经过射洪市、船山区，为河流型生态廊道；22 号生态廊道长 72.52km，经过平武县、江油市，为绿带型生态廊道；24 号生态廊道长 68.02km，经过平武县、北川县，为绿带型生态廊道；36 号生态廊道长 58.39km，经过合川区、铜梁区、大足区，为道路型生态廊道；12 号生态廊道长 52.78km，横向经过江油市、北川县、绵竹市，为绿带型生态廊道；7 号生态廊道长 50.40km，整体在江油市界内，为绿带型生态廊道；2 号生态廊道长 44.38km，整体在潼南区界内，为河流型生态廊道；30 号生态廊道长 41.37km，整体在射洪市界内，为河流型生态廊道；1 号和 31 号生态廊道分别长 34.02km、32.83km，整体在船山区界内，均为河流型生态廊道；8 号生态廊道长 21.14km，经过北川县、绵竹市，为绿带型生态廊道；11 号、15 号生态廊道长分别为 19.31km、12.33km，均位于江油市界内，皆为绿带型廊道；28 号生态廊道长 9.56km，为最短的生态廊道，位于射洪市界内，为绿带型生态廊道。

从生态廊道的分布中可以看出，识别出来的 37 条廊道，既有与实际的道路、河流、绿带等要素相重叠的部分，也有潜在的不存在的生态廊道，在规划布局时需要根据实际情况对生态廊道的布局进行修正。

## 8.2.4　生态节点的识别

将构建出的生态廊道与基于阻力面提取出的山脊线进行相交，得出的交点即生态环境最为脆弱的生态节点，如图 8-4 所示，共识别出生态节点 25 个，其中研究区上游分布有 18 个，中下游分布有 7 个。根据其在空间上分布的位置上，上游分布的 18 个生态节点，较为集中地分布在平武、北川、江油等县（市、区），主要为林地型生态节点和水域型生态节点，在研究区重要生态源地之间起到关键的连接作用，主要是由于该区域受地形、坡度、土壤类型等因素的影响，生态风险等级较高，生态环境较为脆弱，加之近些年来人类活动在此区域内的加剧，自然环境受人类活动干扰较大。因此，对于水域型生态节点，应在周边设置绿色"屏障"，为生物流的扩散和迁移提供"踏脚石"；而对于林地型生态节点，可通过增加植被覆盖度来提升景观的整体连通性，从而减少人类活动对生态环境的干扰，维持整体景观格局的稳定性，从而增强整个研究区的生态服务功能。中下游分布的 7 个生态节点，以耕地型生态节点和林地型生态节点为主，主要分布于建设用地，以及水域、耕地的过渡地带，此区域可通过加大植被覆盖面积，增加生态用地景观格局异质性，促进研究区整个生态网络的连通；而针对耕地，应着重注意农业非点源污染物的扩散，可在节点周边种植抗污染力较强的植物，增强生态节点的连接作用。生态节点在构建整个研究区生态安全格局中具有极其重要的战略地位，因此要重点保护生态节点，提高研究区生态景观的连通性。

## 8.3　流域景观格局优化效果评估

对比涪江流域景观格局优化前后的 IIC 指数和 PC 指数（表 8-4）可以得出，在优化之前，两个指数都维持在 0.048 左右。在优化后，研究区的 IIC 指数和 PC 指数分别为 0.083624 和 0.079675，变化率分别为 74.12% 和 67.87%。根据相关研究，景观连通性指数较高的区域，其生态景观格局具有更高的稳定性。因此，进行景观格局优化有利于提高涪江流域整体景观格局的稳定性。

**表 8-4　景观格局优化效果评估**

| 评价指标 | 优化前 | 优化后 | 变化率/% |
|---|---|---|---|
| IIC 指数 | 0.048027 | 0.083624 | 74.12 |
| PC 指数 | 0.047463 | 0.079675 | 67.87 |

涪江流域的景观生态安全格局是由 15 个生态源地、37 条生态廊道、25 个生态节点构成的点线面网状结构。研究区上游要素丰富、纵横交错；中下游主要为生活生产区，生态廊道在中下游的贯穿较为稀疏。生态源地主要分布在涪江流域上游，以林地型生态源地为主、水域型生态用地为辅，中下游生态源地面积范围相对较小，主要分布在平武、松潘、北川、江油、安州、射洪、大足、铜梁等县（市、区）。通过与高精度的土地利用变更数据的叠加发现，生态源地内主要土地利用类型为林地和水域，面积总和为 11192.07km$^2$，占研究区总面积的 30.75%。基于最小成本划定的廊道宽度存在显著差异，其宽度越宽说明物种迁移过程中单位距离耗费的成本相同的情况下物种可选择路径有更多的可能性。

高生态阻力区和生态节点较为均匀地分布于生态廊道内部及其周边。其中，高阻力区的面积为 2414.01km$^2$，占研究区总面积的 6.63%，共 12 块较为明显的面状区域，通过与遥感影像图和土地利用变更调查数据的对比发现，面积较大的阻力面多为经济较为发达的城市区域，或为工矿用地，说明人为活动对区域生态安全格局具有明显的负面影响，在大力发展社会经济的同时，需要做到与自然生态系统修复相结合。生态节点在上游为 18 个，较为集中地分布在平武、北川、江油等县（市、区），主要为林地型生态节点和水域型生态节点，在研究区重要生态源地之间起到关键的连接作用。在景观生态安全格局中，少部分区域既有生态节点，同时也存在高生态阻力面，说明物种在迁移过程中有极大的概率要经过这些区域且要克服的阻力较大，这些区域在生态安全建设时应重点关注。

## 8.4　本章小结

本章的研究主要是利用最小累积阻力模型构建景观格局阻力面，利用最短路径、网络分析、成本距离以及模型构建器等方法实现生态廊道的构建、生态节点的识别，从而达到对研究区景观格局优化的目的，得出以下结论。

（1）生态源地主要分布在研究区上游的平武、北川、安州、江油等县（市、区），面积达到 11192.07km$^2$，占研究区总面积的 30.75%，以林地和水域为主；以筛选出的生态源地以及景观安全评价结果为基础，构建景观格局阻力面，低阻力区、中等阻力区、较高阻力区、高阻力区的面积占比分别为 49.29%、26.69%、17.39%、6.63%，其中低阻力区所占比例最高，面积为 17940.01km$^2$，主要位于北川、平武、安州、茂县等县（市、区），安州、江油两县（市、区）部分地区以及涪江干流流经区域，主要原因是这类生态用地以林地和水域为主，生态环境良好，生态阻力较小。

（2）利用最小累积阻力模型，构建研究区生态廊道共 37 条，根据长度进行分级，其中一级生态廊道 7 条、二级生态廊道 12 条、三级生态廊道 18 条。其中，长度最长的生态廊道编号为 21 号，长度达到了 408.45km，贯穿整个涪江流域，对涪江流域景观格局优化有重要作用，构建的所有生态廊道增强了研究区内生态景观的连通性，有利于物质、能量在研究区内的流通以及联系。

（3）识别出生态节点 25 个，其中上游林地和水域中分布 18 个，主要位于北川、平武、江油等县（市、区）；中下游耕地、林地中分布 7 个，生态节点作为研究区生态安全格局的重要"环节"，需要给予重点保护。对涪江流域景观格局优化前后的连通度进行比较，优化后景观格局的连通度有了极大的提升。

随着遥感技术的不断发展，高分辨率的遥感影像的应用将会越来越广泛。高分辨率数据可以提高景观分类的精度，使评价结果更为准确。在今后的研究中可以考虑选取高分辨率遥感影像作为基础数据。在景观格局分析过程中，需要考虑景观指数的粒度效应，首先分析景观指数随粒度变化的规律，并探讨景观指数与粒度变化的内在关系，从而确定适宜的分析粒度，为景观格局分析奠定基础。在区域景观生态安全评价过程中，通过多角度综合考虑来进一步完善评价指标体系，采用主客观相结合的权重赋值方式，使评价结果更为客观。除构建区域生态安全格局外，还应在此基础上就生态网络进行评价优化，从而有针对性地提出优化建议。

# 参 考 文 献

戴璐，刘耀彬，黄开忠. 2020. 基于MCR模型和DO指数的九江滨水城市生态安全网络构建. 地理学报，75（11）：2459-2474.

刁菲菲. 2012. 杭州市景观格局的演变及优化研究. 杭州：浙江农林大学.

胡炳旭，汪东川，王志恒，等. 2018. 京津冀城市群生态网络构建与优化. 生态学报，38（12）：4383-4392.

黄木易，岳文泽，冯少茹，等. 2019. 基于MCR模型的大别山核心区生态安全格局异质性及优化. 自然资源学报，34（4）：771-784.

李航鹤，马腾辉，王坤，等. 2020. 基于最小累积阻力模型（MCR）和空间主成分分析法（SPCA）的沛县北部生态安全格局构建研究. 生态与农村环境学报，36（8）：1036-1045.

李青圃，张正栋，万露文，等. 2019. 基于景观生态风险评价的宁江流域景观格局优化. 地理学报，74（7）：1420-1437.

刘伊萌，杨赛霓，倪维，等. 2020. 生态斑块重要性综合评价方法研究——以四川省为例. 生态学报，40（11）：3602-3611.

蒙吉军，王晓东，尤南山，等. 2016. 黑河中游生态用地景观连接性动态变化及距离阈值. 应用生态学报，27（6）：1715-1726.

潘竟虎，刘晓. 2015. 基于空间主成分和最小累积阻力模型的内陆河景观生态安全评价与格局优化——以张掖市甘州区为例. 应用生态学报，26（10）：3126-3136.

潘竟虎，刘晓. 2016. 疏勒河流域景观生态风险评价与生态安全格局优化构建. 生态学杂志，35（3）：791-799.

史芳宁，刘世梁，安毅，等. 2020. 城市化背景下景观破碎化及连接度动态变化研究——以昆明市为例. 生态学报，40（10）：3303-3314.

汤国安，宋佳. 2006. 基于DEM坡度图制图中坡度分级方法的比较研究. 水土保持学报，20（2）：157-160，192.

王琦，付梦娣，魏来，等. 2016. 基于源-汇理论和最小累积阻力模型的城市生态安全格局构建——以安徽省宁国市为例. 环境科学学报，36（12）：4546-4554.

杨彦昆，王勇，程先，等. 2020. 基于连通度指数的生态安全格局构建——以三峡库区重庆段为例. 生态学报，40（15）：5124-5136.

俞孔坚，乔青，李迪华，等. 2009. 基于景观安全格局分析的生态用地研究——以北京市东三乡为例. 应用生态学报，20（8）：1932-1939.